UG 数控加工完全自学丛书

图解 UG NX 12.0 车铣复合
编程入门与精通

朴 仁 编 著

机械工业出版社

本书围绕UG NX 12.0介绍车铣复合编程基础知识和实践技巧。全书共12章，第1～3章分别介绍了车铣复合机床的种类、常用的工装夹具及刀具、车铣复合编程必备的绘图技能、车铣复合编程的基本要点；第4、5章分别介绍了车铣复合编程中的车削编程和铣削编程知识；第6、7章介绍了车铣复合编程的程序管理和工艺要点；第8、9章介绍了XZC三轴联动车铣复合加工零件编程案例、XZC三轴联动车铣复合机床的后处理制作；第10、11章介绍了XYZC四轴联动车铣复合加工零件编程案例、XYZC四轴联动车铣复合机床的后处理制作；第12章介绍了XYZAC双主轴车铣复合加工零件编程案例。本书可帮助读者实现UG车铣复合编程技能的入门与精通。

扫描前言中的二维码，可下载书中实例源文件和实例的后处理源文件。为方便读者交流学习，提供QQ群（群号936016022）交流平台。

图书在版编目（CIP）数据

图解UG NX 12.0车铣复合编程入门与精通/朴仁编著．—北京：
机械工业出版社，2022.5（2025.2重印）
（UG数控加工完全自学丛书）
ISBN 978-7-111-70581-9

Ⅰ．①图… Ⅱ．①朴… Ⅲ．①数控机床—车床—计算机辅助
设计—应用软件 ②数控机床—铣床—计算机辅助设计—应用软件
Ⅳ．①TG519.1 ②TG547

中国版本图书馆CIP数据核字（2022）第064529号

机械工业出版社（北京市百万庄大街22号 邮政编码100037）

策划编辑：周国萍　　　　　　责任编辑：周国萍　刘本明
责任校对：张晓蓉　贾立萍　　封面设计：马精明
责任印制：邹　敏

北京富资园科技发展有限公司印刷

2025年2月第1版第4次印刷
184mm×260mm・8.25印张・195千字
标准书号：ISBN 978-7-111-70581-9
定价：59.00元

电话服务　　　　　　　　　　网络服务
客服电话：010-88361066　　　机 工 官 网：www.cmpbook.com
　　　　　010-88379833　　　机 工 官 博：weibo.com/cmp1952
　　　　　010-68326294　　　金 书 网：www.golden-book.com
封底无防伪标均为盗版　　　机工教育服务网：www.cmpedu.com

前　言

随着产品零件的多样化，很多结构复杂的零件需要用车铣复合机床来加工，同时近年来国内外车铣复合机床的品牌和种类日益增多，对车铣复合编程人员的需求量不断上升，越来越多的技术人员愿意从事车铣复合编程工作。

UG 是 SIEMENS PLM Software 公司推出的一款集成化 CAD/CAM/CAE 系统软件，也是目前市场上功能强大的工业产品设计工具和编程工具，其具有设计与编程的无缝连接、车铣复合编程模板设定、后处理与仿真的无缝连接功能。本人从事数控加工行业已超过 18 年，最早从 2006 年开始接触车铣复合编程，从当时的手工编程，到现在的 UG 软件编程，经历了十几个春秋，已熟悉和精通 UG 在车铣复合编程方面应掌握的知识要点和实际应用技能。本书编写历经半年时间，全书共 12 章，第 1～3 章分别介绍了车铣复合机床的种类、常用的工装夹具及刀具、车铣复合编程必备的绘图技能、车铣复合编程的基本要点；第 4、5 章分别介绍了车铣复合编程中的车削编程和铣削编程知识；第 6、7 章介绍了车铣复合编程的程序管理和工艺要点；第 8、9 章介绍了 XZC 三轴联动车铣复合加工零件编程案例、XZC 三轴联动车铣复合机床的后处理制作；第 10、11 章介绍了 XYZC 四轴联动车铣复合加工零件编程案例、XYZC 四轴联动车铣复合机床的后处理制作；第 12 章介绍了 XYZAC 双主轴车铣复合加工零件编程案例。书中提炼了 UG 车铣复合的知识要点，讲解实际案例的具体操作步骤，注重案例的实操性，讲方法、讲工艺、讲思路、讲经验，通过简洁的文字、丰富的图片，把 UG 车铣复合编程的实际应用分享给读者。书中介绍的思路可降低 UG 车铣复合编程的入门门槛，让更多的数控技术人员能掌握 UG 车铣复合编程。本书还特别介绍了 UG 车铣复合后处理的制作，使读者可以直观地学习 UG 车铣复合后处理制作，提升就业技能。

本书提供书中实例源文件和实例的后处理源文件。可通过手机扫描下面二维码获取。为方便读者交流，提供 QQ 群（群号 936016022）交流平台。

在此特别感谢同事给予我的帮助和机械工业出版社对我的支持。由于编著者水平有限，书中错漏之处在所难免，恳请读者对书中的不足之处提出宝贵意见和建议，以便不断改进。

实例源文件

实例的后处理源文件

编著者

目　　录

第❶章 车铣复合入门知识

1.1 车铣复合机床

1.1.1 主流车铣复合机床

随着产品零件的多样化、高端制造业的不断发展，具有车削、铣削等功能的车铣复合机床渐渐体现出其独特的优势。车铣复合机床是将车削和铣削或磨削、3D 增材等加工功能集于一台机床之上，属于复合加工机床；常规的机床结构以车削结构为基础。

目前，市面上的车铣复合机床种类和结构很多，从机床能实现的联动轴的类型可分为 XZC 三轴联动车铣复合机床、XYZC 四轴联动车铣复合机床和 XYZBC 五轴联动车铣复合机床，具体分类如图 1-1 所示。

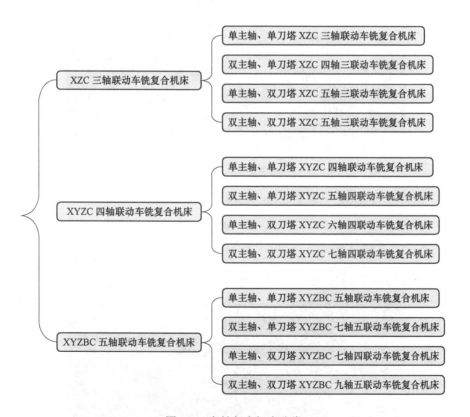

图 1-1　车铣复合机床分类

单主轴、单刀塔 XZC 三轴联动车铣复合机床如图 1-2 所示。

图 1-2　单主轴、单刀塔 XZC 三轴联动车铣复合机床

双主轴、单刀塔 XYZC 五轴四联动车铣复合机床如图 1-3 所示。

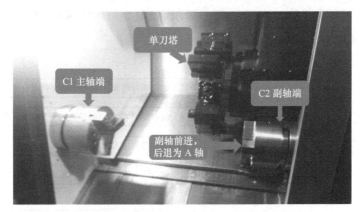

图 1-3　双主轴、单刀塔 XYZC 五轴四联动车铣复合机床

双主轴、双刀塔 XYZBC 七轴五联动车铣复合机床如图 1-4 所示。

图 1-4　双主轴、双刀塔 XYZBC 七轴五联动车铣复合机床

1.1.2　经济型车铣复合机床

近几年我国南方比较流行的排刀结构的车铣复合机床属于经济型车铣复合机床，如图1-5所示。由于是排刀式铣削刀塔结构，其刚性比较弱，广泛用于加工切削力不大的铝合金等材料。

图1-5　经济型车铣复合机床

1.1.3　走心机车铣复合机床

对于医疗等行业的小零件，可采用加工轴类零件的走心机车铣复合机床进行加工，如图1-6所示。

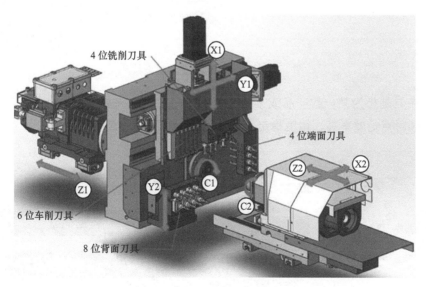

图1-6　走心机车铣复合机床

1.2　车铣复合机床常用的工装夹具

车铣复合机床根据加工的零件不同，工装夹具呈现多样化，一般可分为通用型夹具和专用型夹具，如图1-7所示。

图 1-7 车铣复合机床常用的工装夹具分类

通用型夹具是指能够装夹两种或两种以上工件的夹具，如图1-8所示。其特点是制造成本低，缩短了生产准备周期，减少了夹具品种，降低了生产成本。

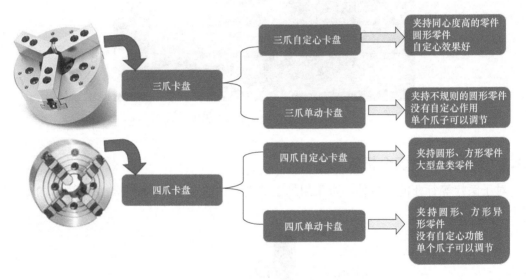

图 1-8 车铣复合机床通用型夹具

专用型夹具是指为某一款产品或某一个工序专门定制的夹具，不适合其他产品或其他工序使用。其特点是效率高、精度稳定、适合批量或精度要求高的产品。如图1-9所示。

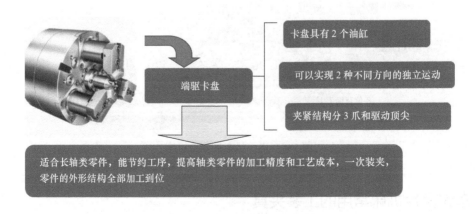

图 1-9 车铣复合机床专用型夹具

1.3 车铣复合机床加工用刀具

车铣复合机床根据加工的零件不同，加工用的刀具也呈多样化，一般可分为通用型刀具、专用型刀具和复合刀具，如图 1-10 所示。

图 1-10 车铣复合机床刀具分类

通用型刀具是指能加工产品的很多种结构。其特点是可减少刀具品种，降低生产成本，采购周期快，替换品牌多。如图 1-11 所示。

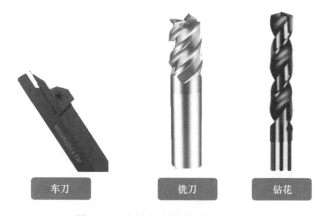

图 1-11 车铣复合机床通用型刀具

专用型刀具是指为零件的单独某个结构加工所开发的刀具，其他产品或结构都无法使用。其特点是加工效率高，工序集中，批量生产降低了制造成本。如图 1-12 所示。

复合刀具是指刀具所能加工的结构是多样的，刀具也可以是模块化的。其特点是节省刀具的使用数量，降低生产刀具的成本。如可钻、可镗、可车的单刃复合刀具如图 1-13 所示。

图 1-12 车铣复合机床专用型刀具　　　　　图 1-13 车铣复合机床复合刀具

1.4 车铣复合机床一般加工工艺

由于车铣复合机床主要以车削机床为主，因此多数的加工工艺是先车削再铣削。实践中落实到具体零件，还要结合零件加工前的状态，比如圆棒毛坯、铸件、方料等情况具体来定。圆棒毛坯加工工艺如图 1-14 所示。

图 1-14　车铣复合机床加工的圆棒毛坯零件加工工艺

如果针对零件的单个工序加工来说，有时会先铣再车，或只做铣工序、关键工序等。具体要根据零件制造成本、加工精度、单位的设备状况等情况来综合考虑加工工艺。只加工关键工序如图 1-15 所示。

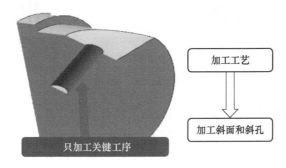

图 1-15　车铣复合机床加工关键工序

第❷章　车铣复合编程常用的绘图技能 〉〉〉

2.1　点的抽取绘制

2.1.1　2D 平面上的点绘制

在车铣复合编程中，有些情况需要自己创建点或线来做编程的投影或刀轴的方向等。如图 2-1 所示，这是一个圆柱形零件，需要在零件底面圆周上绘制一个象限点。

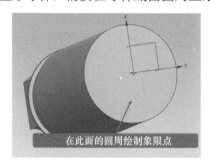

图 2-1　待绘制点

具体绘制步骤如图 2-2 所示。

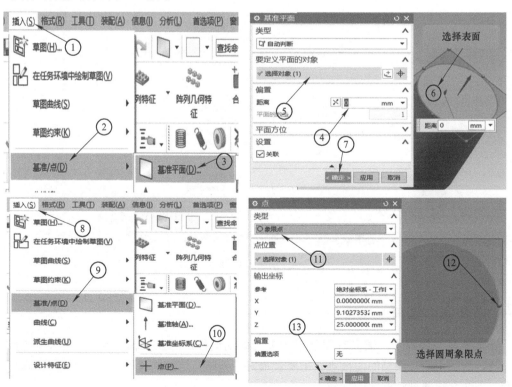

图 2-2　创建象限点

2.1.2　3D 空间上的点绘制

在车铣复合编程中，有时需要构建一个空间的连线来用于辅助编程，可通过绘制 3D 空间点来实现。具体操作步骤如下：

1）进入"建模"模块，单击菜单栏的"插入"，选择"基准 / 点"，再选择"点 …"，如图 2-3 所示。

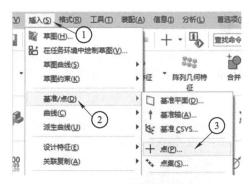

图 2-3　创建 3D 空间点 1

2）弹出"点"对话框，通过光标捕捉，输入相应的坐标位置来创建点。具体操作步骤如图 2-4 所示。

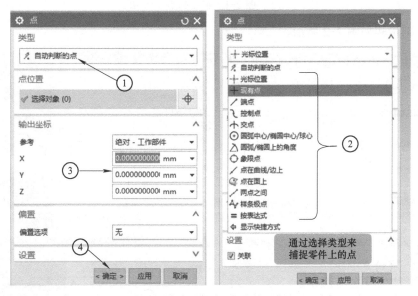

图 2-4　创建 3D 空间点 2

2.2　辅助面的创建

在车铣复合编程中，很多时候要用到多轴联动编程，而在多轴联动编程中对面的要求比较高，一般用原有图档的面很难做出质量很好的刀路，这就需要用户自己创建辅助面或投影面。下面介绍两种辅助面的创建方法。

2.2.1　通过曲线组创建

1）绘制一个 φ20mm×30mm 的圆柱体，具体步骤如图 2-5 所示。

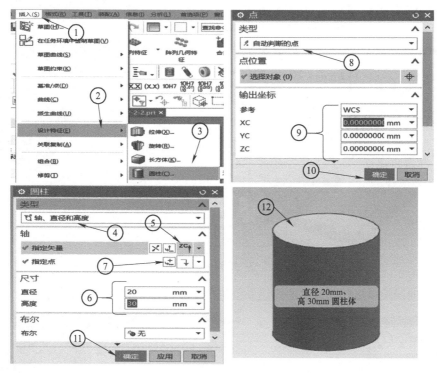

图 2-5　绘制圆柱体

2）利用投影、偏置 3D 曲线命令在圆柱体上绘制两条曲线，具体步骤如图 2-6、图 2-7 所示。

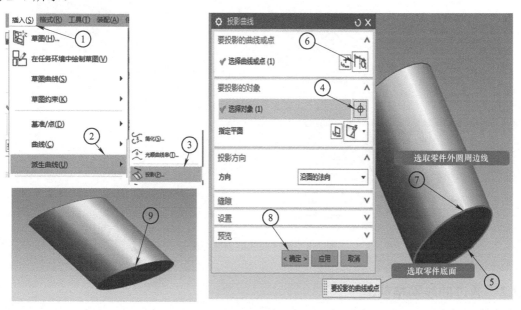

图 2-6　绘制投影曲线

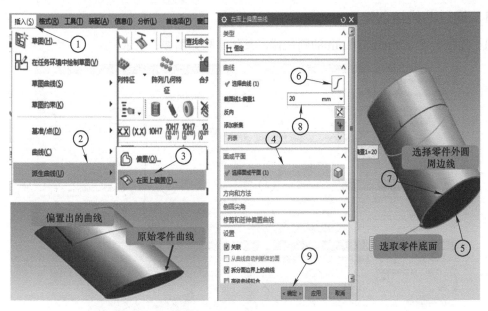

图 2-7　绘制偏置曲线

3）利用曲线编辑里的"通过曲线组"创建曲面，具体步骤如图 2-8 所示。

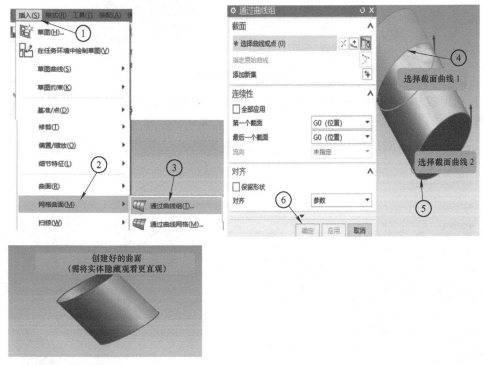

图 2-8　通过曲线组创建曲面

2.2.2　通过曲线网格创建

打开图档文件 2-1.prt（通过手机扫描前言中的二维码下载），通过曲线网格创建曲面具体操作步骤如图 2-9 所示。

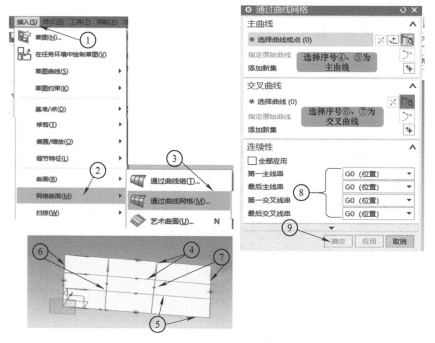

图 2-9　通过曲线网格创建曲面

2.3　修剪曲线和分割曲线

2.3.1　修剪曲线

打开图档文件 2-2.prt（通过手机扫描前言中的二维码下载），修剪曲线的具体操作步骤如图 2-10 所示。

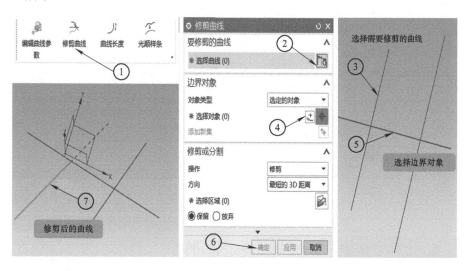

图 2-10　修剪曲线

2.3.2　分割曲线

打开图档文件 2-2.prt（通过手机扫描前言中的二维码下载），分割曲线的具体操作步骤如图 2-11 所示。

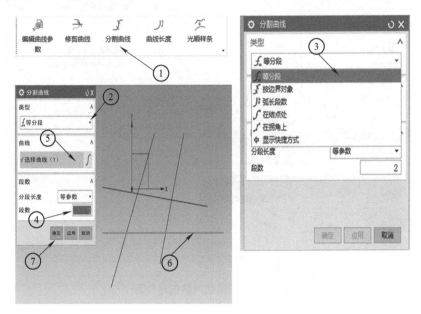

图 2-11　分割曲线

第❸章　UG 车铣复合编程的基本要点

3.1　车铣复合编程的默认界面

在 UG NX 12.0 版本中，没有专门的车铣复合模块，UG 在编制车铣复合零件程序时，将车削和铣削的刀路结合在一起，其前提是在进入加工模式前，必须进入的是车削模式"turning"，进入后的默认设置如图 3-1 所示。

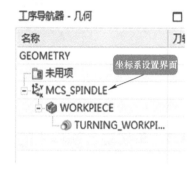

图 3-1　车铣复合界面默认设置

3.2　车铣复合编程的坐标系设定

由于车铣复合编程需要创建车削编程和铣削编程，在 UG 软件里需要分别建立车削的坐标系和铣削的坐标系。一般情况下，车削和铣削坐标系的位置、摆放方位应尽量一致，以车削零件的坐标系设置为基准。打开图档文件 3-1.prt（通过手机扫描前言中的二维码下载），坐标系设定如图 3-2 所示。具体操作细节可通过手机扫描图 3-2 下方的二维码观看。

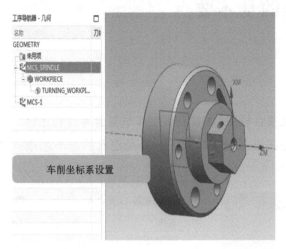

图 3-2　车铣复合编程坐标系设置

建立车铣复合
编程坐标系

3.3　车铣复合编程中的注意事项

3.3.1　坐标系的建立

1）当铣削坐标系与车削坐标系不重合时，要提前找正铣削坐标系原点。

2）对于不带 B 轴的车铣复合机床来说，应尽量放在一个位置，避免增加多余的辅助工作。

3）车削一般是通过零件旋转来进行加工的。一般车削坐标系建立在零件圆心。在软件编程中，零件圆心相当于车削主轴的中心。

3.3.2　切削参数的选择

1）铣削的铣刀都是装在动力刀座上，动力刀座的刚性和精度决定了铣削的加工参数。一般不能直接使用加工中心的切削参数。

2）带 B 轴的车铣复合机床编程要注意重切削；要结合 B 轴配的是哪种规格的刀柄，机床的结构是正交的还是斜床身的来综合考虑。

3.3.3　加工方向与排屑

加工方向一般都是刀具平行工件轴线、倾斜工件轴线某个角度或垂直工件轴线。针对不同情况，加工过程的排屑决定了加工效率，打开图档文件 3-1.prt，加工端面槽，刀具平行工件轴线加工，便于排屑，有利于刀具的使用寿命和加工效率，如图 3-3 所示。

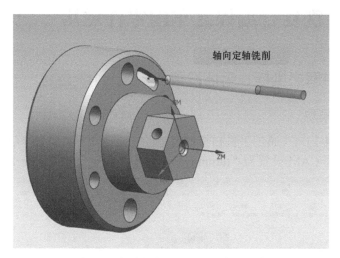

图 3-3　车铣复合编程加工方向与排屑

第❹章 车铣复合编程之车削零件运用 >>>

4.1 车削编程讲解之坐标、毛坯设置

4.1.1 进入车削模块

打开图档文件 4-1.prt（通过手机扫描前言中的二维码下载）。按 <Ctrl+Alt+M> 快捷键进入加工模块，选择 CAM 设置为 "turnning"，单击 "确定"，如图 4-1 所示。

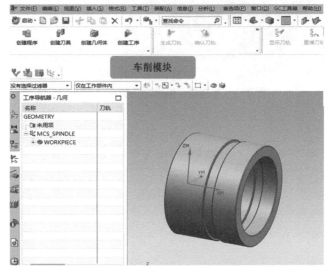

图 4-1 车铣复合编程之进入车削模块

4.1.2 抽取车加工横截面

选择菜单栏 "工具"，单击 "车加工横截面"，打开 "车加工横截面" 对话框后选择零件实体，选择剖切平面，确认剖切平面是否垂直零件端面，单击 "确定"，如图 4-2 所示。

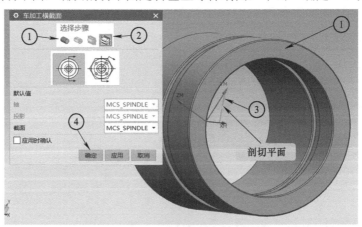

图 4-2 抽取车加工横截面具体步骤

步骤完成后如图 4-3 所示。

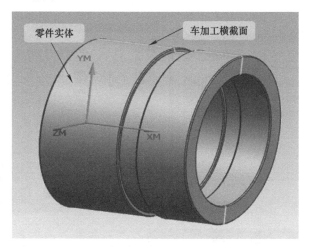

图 4-3　完成抽取车加工横截面

4.1.3　设置车加工坐标和车加工毛坯

1）车加工坐标设置。由于车削是零件回转加工，一般 X 轴坐标都设置在零件圆心，轴线重合于车加工横截面。Z 轴坐标设置在零件端面。具体步骤如图 4-4 所示。

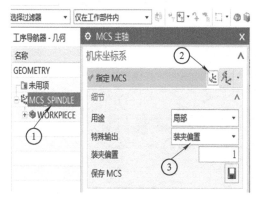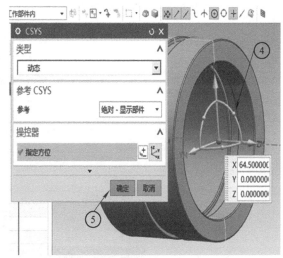

图 4-4　设置车加工坐标

2）车加工毛坯设置、部件轮廓设置。双击"TURNNING WORKPIECE"，打开"车削工件"对话框，选择"指定部件边界"，选择"曲线"方式，选择任意一根曲线，选择"相连曲线"，选择完成后单击"确定"，如图 4-5 所示。

3）毛坯轮廓设置。车削有四种毛坯方式可供选择，分别为棒料、管材、曲线、工作区域。棒料（尺寸设置只有长度和外圆直径）的具体设置步骤如图 4-6 所示。管材（多了内孔尺寸）的设置如图 4-7 所示。曲线（通过曲线来设置毛坯，多用于铸件毛坯）的设置如

图 4-8 所示。

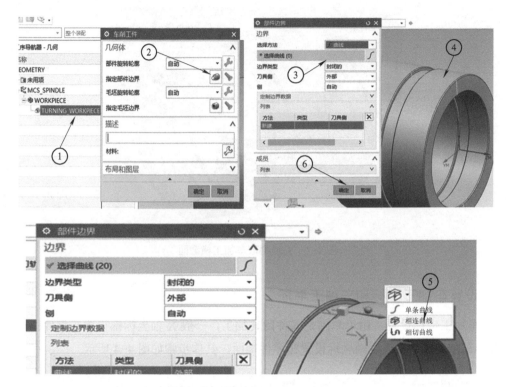

图 4-5 设置车加工毛坯、部件轮廓

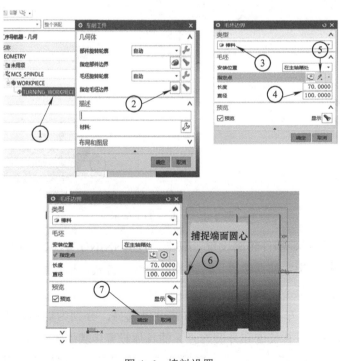

图 4-6 棒料设置

图 4-7　管材设置

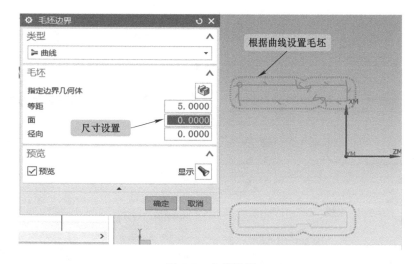

图 4-8　曲线设置

本案例采用"棒料"方式设置毛坯。

4.2　车削编程讲解之车端面、外径车削、钻孔、内径车削

4.2.1　车端面

1）单击"创建工序"，"类型"选择"turning"，"工序子类型"选择车端面，"几何体"选择"TURNING_WORKPIECE"，单击"确定"，如图 4-9 所示。

2）设置切削区域。切削区域的设置是告诉软件此步骤零件直径和长度最终的加工位置，用修剪平面来表示（径向为 X 方向，轴向为 Z 方向），通过捕捉零件上的点或输入距离来确定位置，设置"策略"为"单向线性切削"。具体操作步骤如图 4-10 所示。

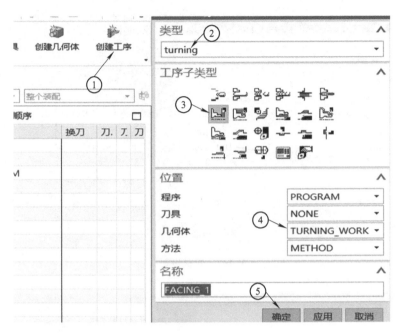

图 4-9 创建工序

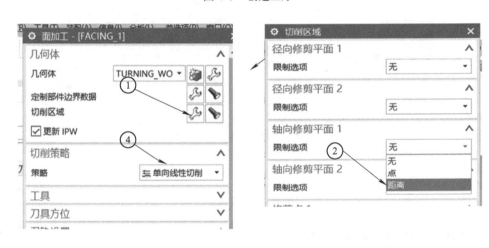

图 4-10 设置切削区域

3）创建外径粗车刀。单击新建刀具按钮，选择车刀，输入刀具名称，设置刀具参数，具体操作步骤如图 4-11、图 4-12 所示。

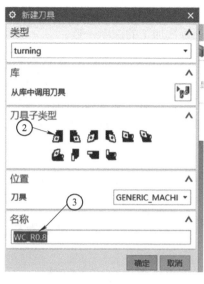

图 4-11 外径粗车刀创建 1

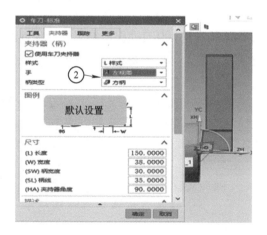
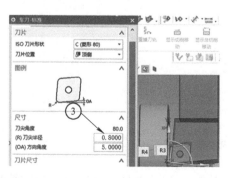
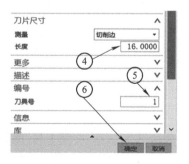

图 4-12 外径粗车刀创建 2

4）设置切削深度。可以通过 5 种方式设置余量加工。

恒定：每次加工的深度一致。

多个：可以设置多个不同加工深度的刀路。

层数：按层数让系统自动判断需要加工几次。

变量平均值：输入最大切削深度和最小切削深度，系统自动计算每次加工深度。

变量最大值：与"变量平均值"类似。

本案例采用恒定方式，具体设置如图 4-13 所示。

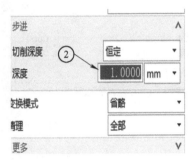

图 4-13 车削切削深度参数设置 1

零件结构在进 / 退刀过程中都属于开放性结构，应尽量减少进 / 退刀的路线（不是所有的参数都要设置）。由于是粗车，端面预留 0.1000mm 余量。具体设置如图 4-14 所示。

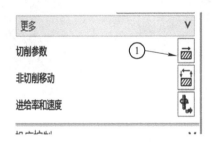

图 4-14 车削切削深度参数设置 2

5）设置非切削移动参数。主要设置进 / 退刀的距离、方式，具体设置如图 4-15、图 4-16 所示。

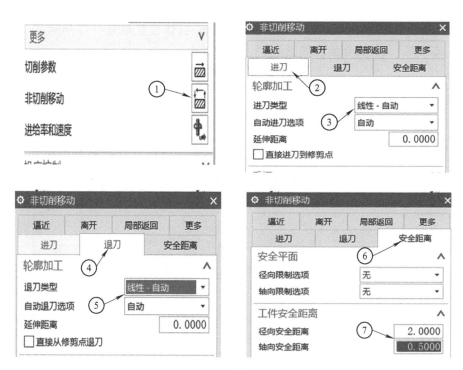

图 4-15　车削非切削移动设置 1

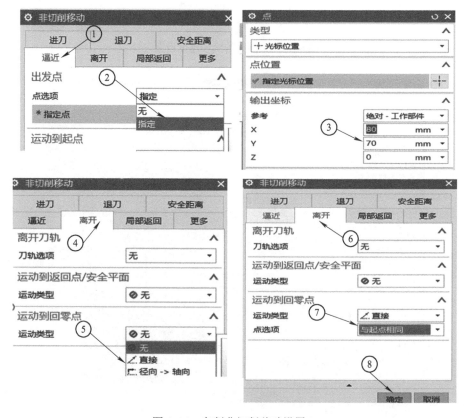

图 4-16　车削非切削移动设置 2

6）设置进给率和速度。车削一般采用每转进给，具体设置如图 4-17 所示。

7）生成刀轨。具体操作步骤如图 4-18 所示。

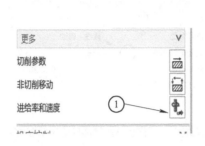

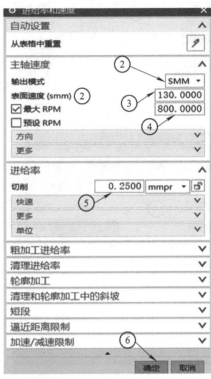

图 4-17　车削进给率和速度设置

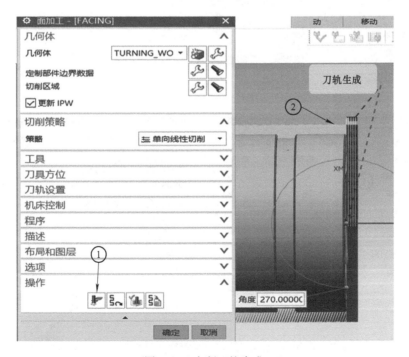

图 4-18　车削刀轨生成

4.2.2 外径车削

1）单击"创建工序"，"类型"选择"turning"，"工序子类型"选择外径粗车，"几何体"选择"TURNING_WORKPIECE"，"刀具"选择"WC_R0.8"-单击"确定"，如图 4-19 所示（由于外径粗车与端面粗车的刀具为同一把刀具，因此此处不再进行刀具创建）。

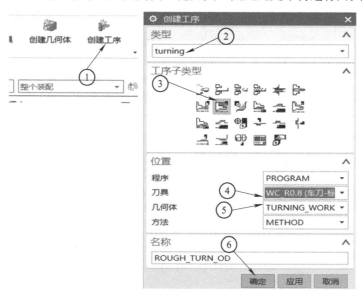

图 4-19　创建刀具

2）设置切削区域。步骤如图 4-20 所示。

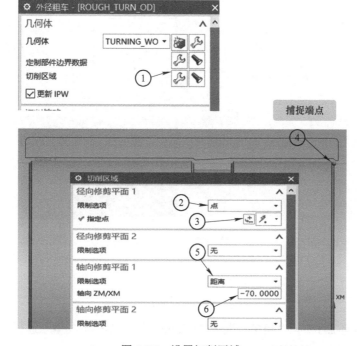

图 4-20　设置切削区域

3）设置加工参数。步骤如图 4-21 所示。

4）设置非切削移动参数。重复图 4-15、图 4-16 所示步骤。

5）设置进给率和速度。重复图 4-17 所示步骤。

6）生产刀轨。步骤如图 4-22 所示。

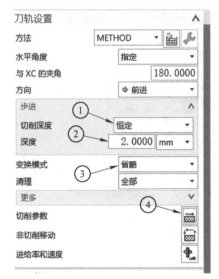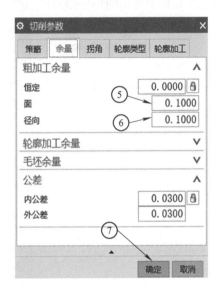

图 4-21　设置加工参数

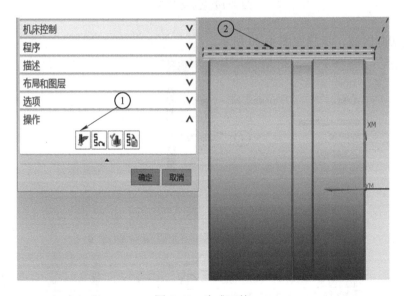

图 4-22　生成刀轨

4.2.3　钻孔

1）单击"创建工序"，"类型"选择"turning"，"工序子类型"选择钻孔，"几何体"选择"TURNING_WORKPIECE"－单击"确定"，如图 4-23 所示。

2）创建钻孔刀具。本次创建 U_D25 钻，步骤如图 4-24 所示。

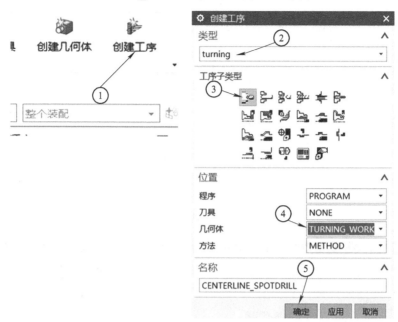

图 4-23　创建工序

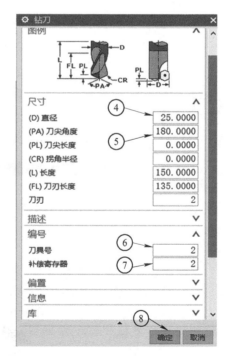

图 4-24　创建钻孔刀具

3）设置加工参数。步骤如图 4-25 所示。

4）设置非切削移动参数。步骤如图 4-26 所示。

5）设置进给率和速度。步骤如图 4-27 所示。

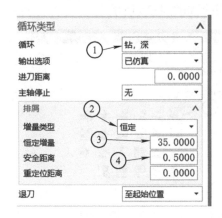
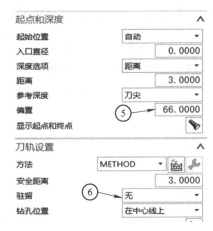

图 4-25　设置钻孔加工参数

图 4-26　设置钻孔非切削参数

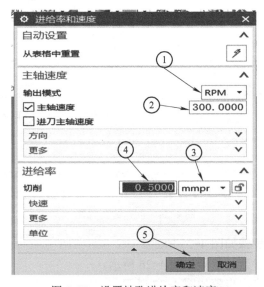

图 4-27　设置钻孔进给率和速度

6）设置刀轨生产。重复图 4-22 所示步骤。

4.2.4 内径车削

1）单击"创建工序"，"类型"选择"turning"，"工序子类型"选择内孔粗车，"几何体"选择"TURNING_WORKPIECE"，单击"确定"，如图 4-28 所示。

图 4-28 创建工序

2）设置切削区域。步骤如图 4-29 所示。

3）创建内孔粗车刀具。步骤如图 4-30、图 4-31 所示。

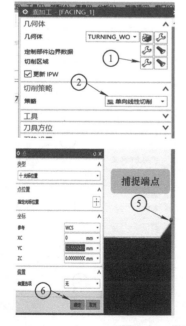
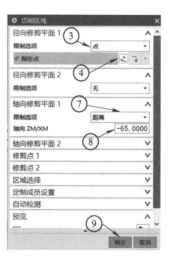

图 4-29 设置切削区域

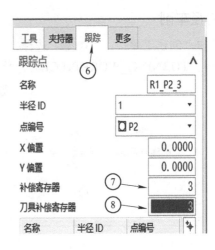

图 4-30　创建内孔粗车刀具 1

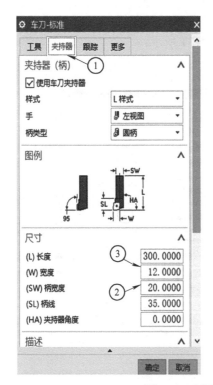
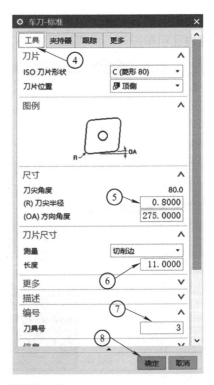

图 4-31　创建内孔粗车刀具 2

4）设置切削深度、切削参数。步骤如图 4-32 所示。

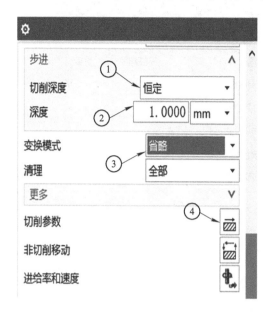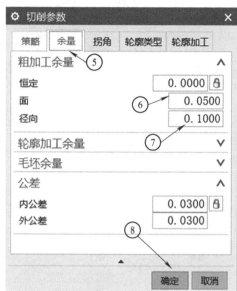

图 4-32　设置内孔粗车切削深度、切削参数

5）设置非切削移动参数。步骤如图 4-33、图 4-34 所示。

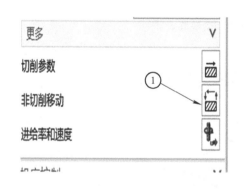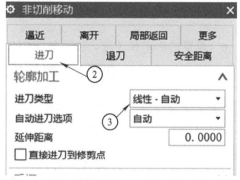

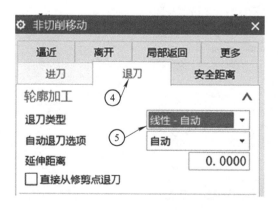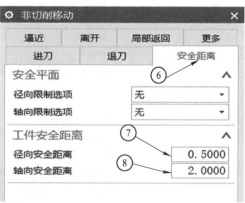

图 4-33　设置内孔粗车非切削参数 1

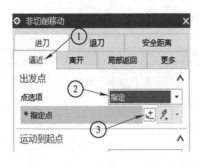

图 4-34　设置内孔粗车非切削参数 2

6）设置进给率和速度。步骤如图 4-35 所示。

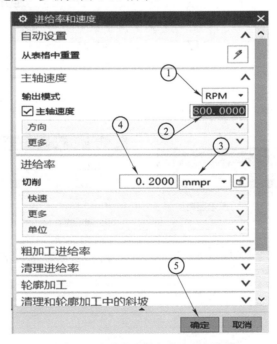

图 4-35　设置内孔粗车进给率和速度

7）设置刀轨生成。步骤如图 4-36 所示。

注意退刀的移动方向

图 4-36　设置内孔粗车刀轨生成

4.3　车削编程讲解之内外螺纹车削

4.3.1　外螺纹车削

1）单击"创建工序"，"类型"选择"turning"，"工序子类型"选择外径螺纹加工，"几何体"选择"TURNING_WORKPIECE"，单击"确定"，如图 4-37 所示。

图 4-37　创建外螺纹工序

2）创建外螺纹加工刀具。步骤如图 4-38 所示。

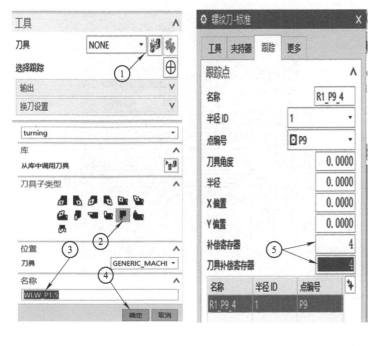
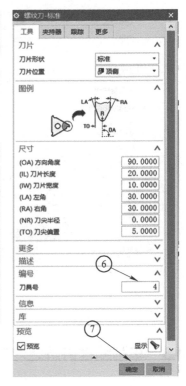

图 4-38　创建外螺纹加工刀具

3）设置外螺纹形状。步骤如图 4-39 所示。外螺纹规格为 M90×1.5。

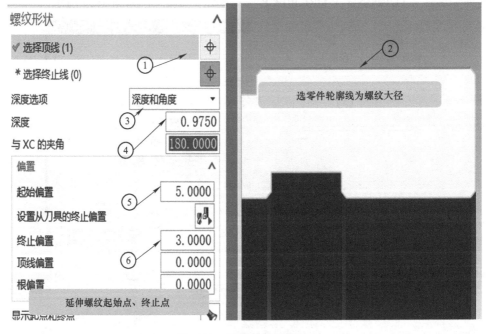

图 4-39　设置外螺纹形状

4）设置切削参数。米制螺纹的单边切削深度计算公式为 $0.6495P$（螺距）。步骤如图 4-40 所示。

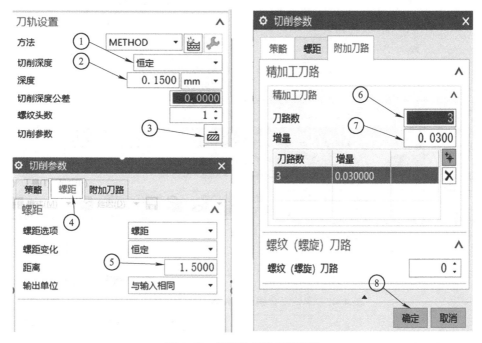

图 4-40　设置外螺纹切削参数

5）设置进给率和速度。步骤如图 4-41 所示。

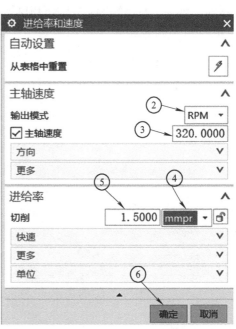

图 4-41　设置外螺纹进给率和速度

6）设置生成刀轨。步骤如图 4-42 所示。

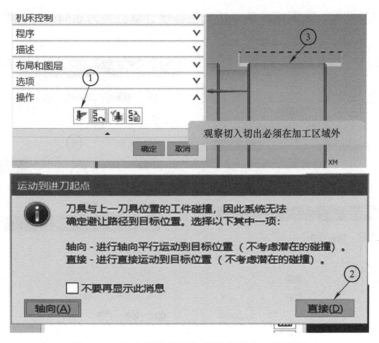

图 4-42　车铣复合编程之外螺纹生成刀轨设置

4.3.2　内螺纹车削

1）单击"创建工序"，"类型"选择"turning"，"工序子类型"选择内径螺纹加工，"几何体"选择"TURNING_WORKPIECE"，单击"确定"，如图 4-43 所示。

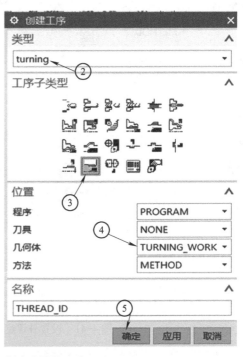

图 4-43　创建内螺纹工序

2）创建内螺纹车刀。步骤如图 4-44 所示。

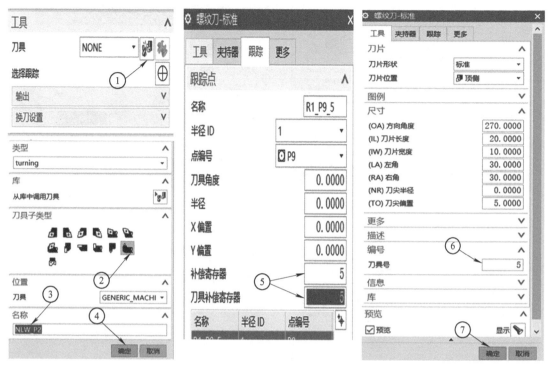

图 4-44　创建内螺纹车刀

3）设置内螺纹参数。步骤如图 4-45 所示。内螺纹规格为 M72×2。

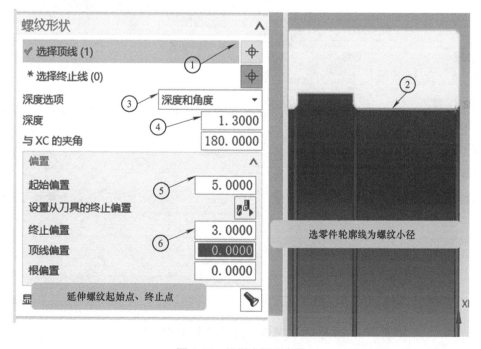

图 4-45　设置内螺纹参数

4）设置切削参数。步骤如图 4-46 所示。

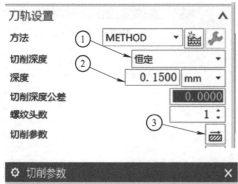

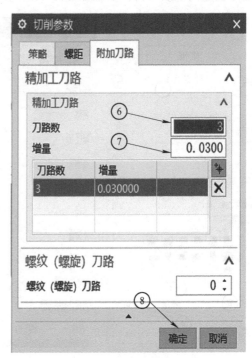

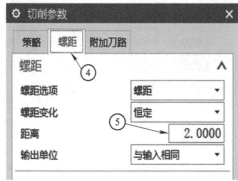

图 4-46　设置内螺纹切削参数

5）设置进给率和速度。步骤如图 4-47 所示。

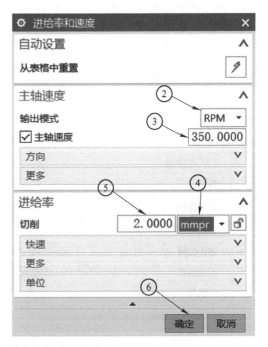

图 4-47　设置内螺纹进给率和速度参数

6）设置生成刀轨。步骤如图 4-48 所示。

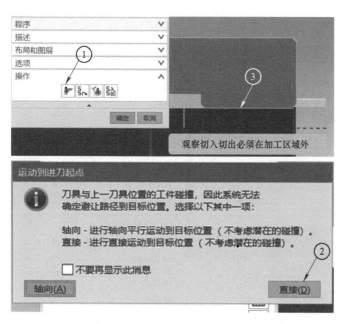

图 4-48　设置内螺纹刀轨生成

4.4　车削编程讲解之切槽、切断

4.4.1　外径切槽

1）单击"创建工序"，"类型"选择"turning"，"工序子类型"选择外径开槽，"几何体"选择"TURNING_WORKPIECE"，单击"确定"，如图 4-49 所示。

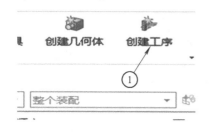

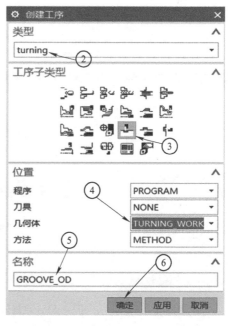

图 4-49　创建外径切槽工序

2）设置切削区域。步骤如图 4-50 所示。

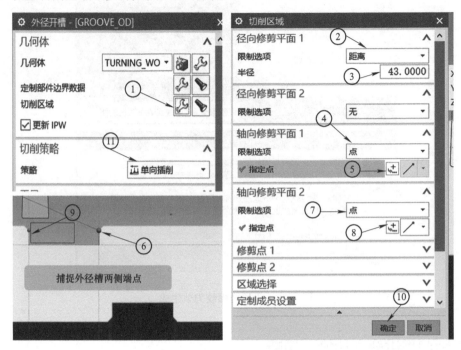

图 4-50　设置外径切槽切削区域

3）设置外径切槽刀。步骤如图 4-51 所示。

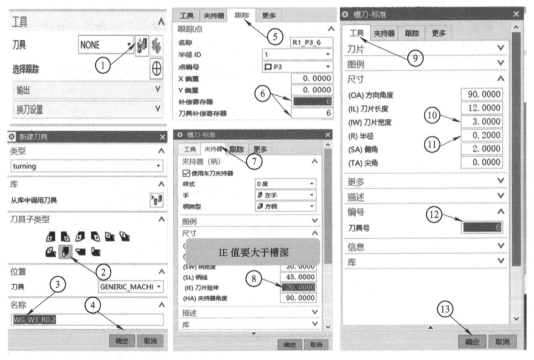

图 4-51　设置外径切槽刀

4）设置切削参数。步骤如图 4-52 所示。

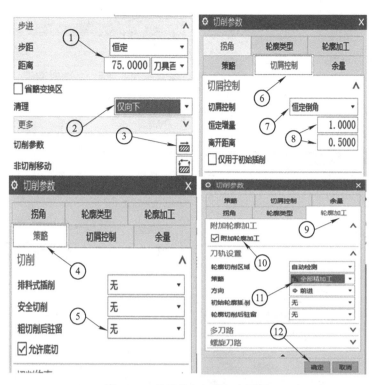

图 4-52　设置外径切槽切削参数

5）设置非切削移动参数。步骤如图 4-53、图 4-54 所示。

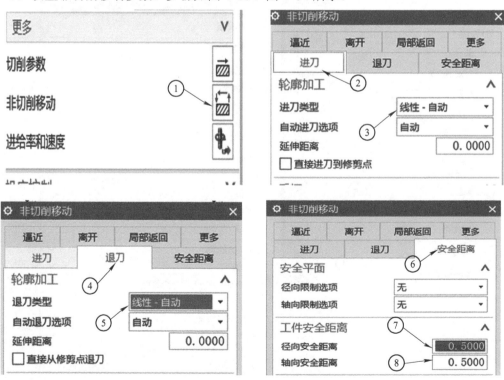

图 4-53　车铣复合编程之外径切槽非切削参数设置 1

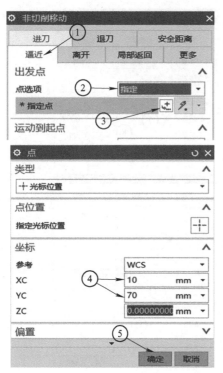
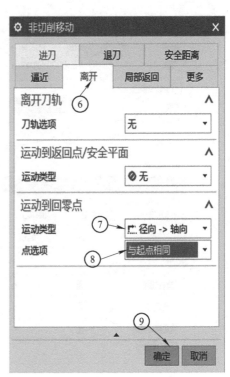

图 4-54　车铣复合编程之外径切槽非切削参数设置 2

6）设置进给率和速度。步骤如图 4-55 所示。

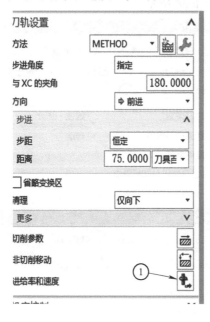
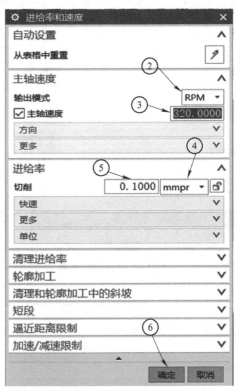

图 4-55　车铣复合编程之外径切槽进给率和速度设置

7）设置生成刀轨。步骤如图 4-56 所示。

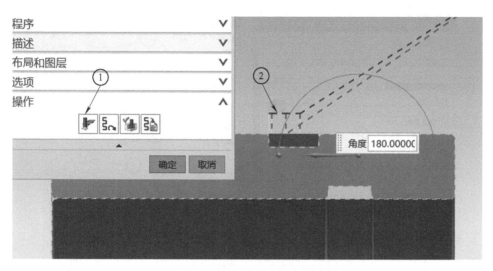

图 4-56　设置外径切槽刀轨生成

4.4.2　内径切槽

1）单击"创建工序"，"类型"选择"turning"，"工序子类型"选择内径开槽，"几何体"选择"TURNING_WORKPIECE"，单击"确定"，如图 4-57 所示。

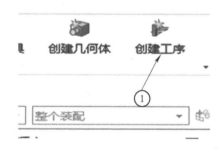

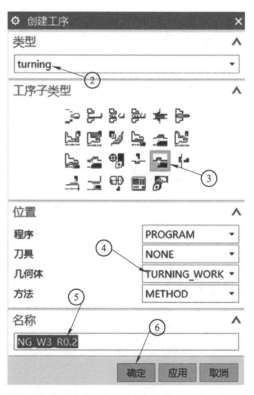

图 4-57　创建内径切槽工序

2）设置切削区域。步骤如图 4-58 所示。

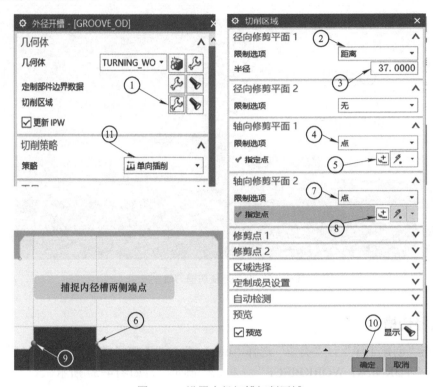

图 4-58　设置内径切槽切削区域

3）创建内径切槽刀。步骤如图 4-59 所示。

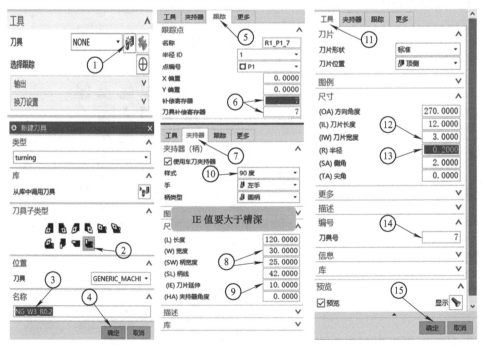

图 4-59　创建内径切槽刀

4）设置切削参数。步骤如图 4-60 所示。

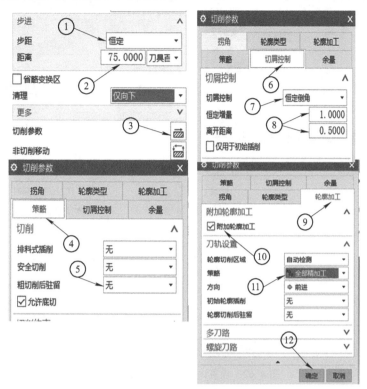

图 4-60　设置内径切槽切削参数

5）设置非切削移动参数。步骤如图 4-61、图 4-62 所示。

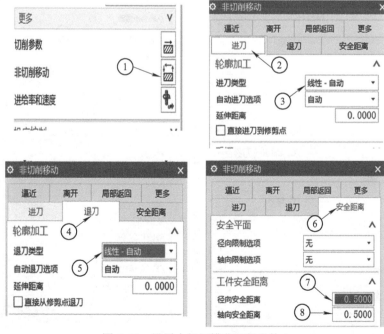

图 4-61　设置内径切槽非切削参数 1

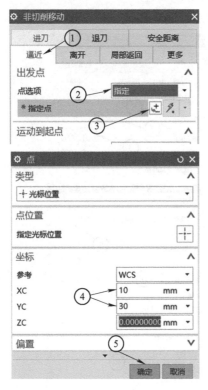

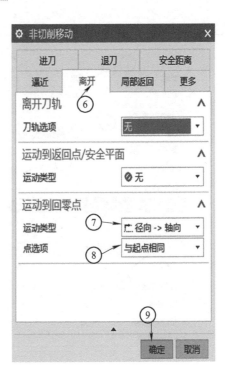

图 4-62   设置内径切槽非切削参数 2

6）设置进给率和速度。步骤如图 4-63 所示。

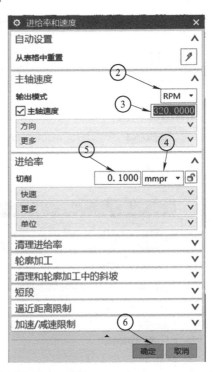

图 4-63   设置内径切槽进给率和速度参数

7）设置刀轨生成。步骤如图 4-64 所示。

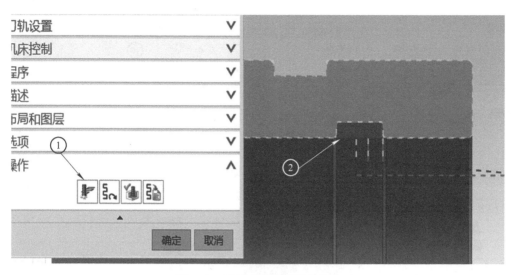

图 4-64　设置内径切槽刀轨生成

4.4.3　零件切断

1）单击"创建工序"，"类型"选择"turning"，"工序子类型"选择部件分离，"几何体"选择"TURNING_WORKPIECE"，单击"确定"，如图 4-65 所示。

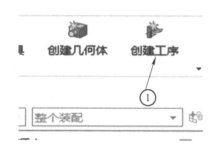

图 4-65　创建切断工序

2）创建刀具。步骤如图 4-66 所示。

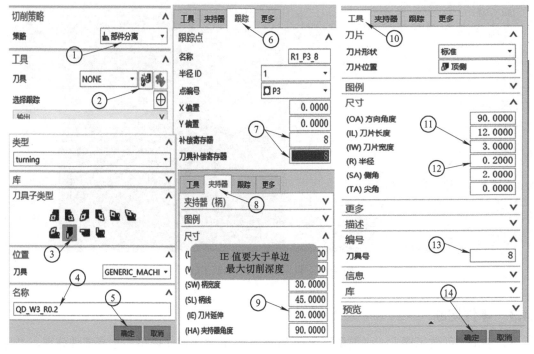

图 4-66　创建切断刀具

3）刀轨设置。步骤如图 4-67 所示。

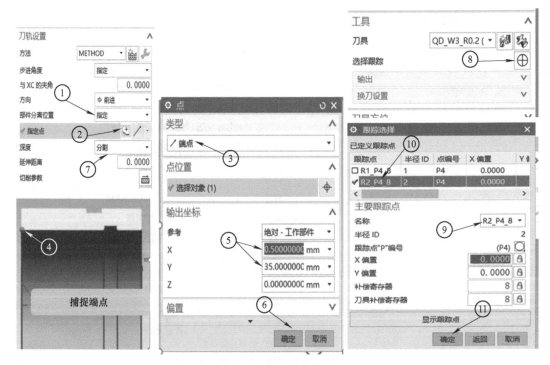

图 4-67　切断刀轨设置

4）设置切削参数。步骤如图 4-68 所示。

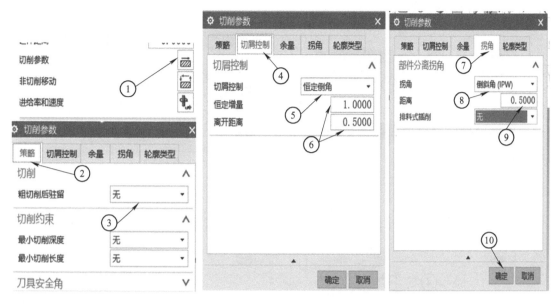

图 4-68　设置切断切削参数

5）设置非切削移动参数。步骤如图 4-69、图 4-70 所示。

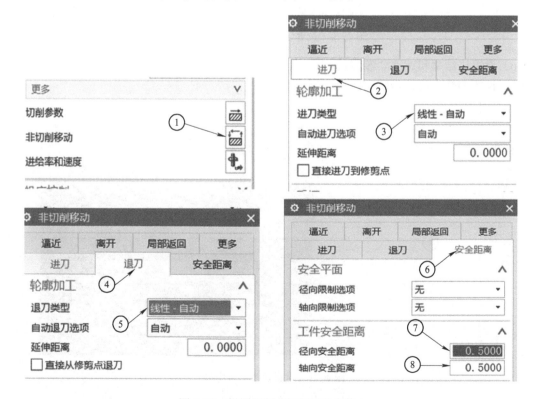

图 4-69　设置切断非切削移动参数 1

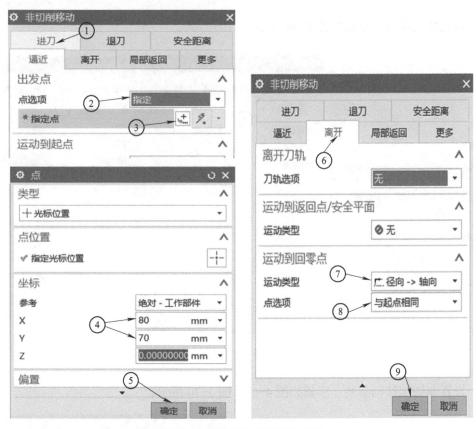

图 4-70　设置切断非切削移动参数 2

6）设置进给率和速度。参照图 4-63 所示步骤。

7）设置刀轨生成。步骤如图 4-71 所示。

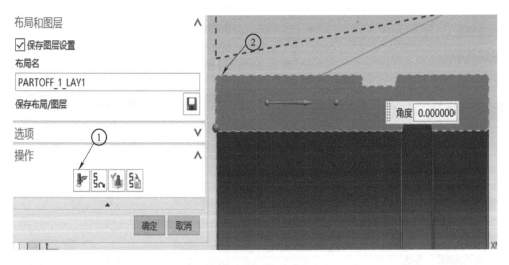

图 4-71　设置切断刀轨生成

第❺章　车铣复合编程之铣削零件运用 >>>

5.1　铣削编程讲解之坐标、毛坯设置

5.1.1　进入铣削模块

打开图档文件 5-1.prt（通过手机扫描前言中的二维码下载）。按 <Ctrl+Alt+M> 快捷键进入加工模块，选择 CAM 设置为"mill_planar"，单击"确定"，如图 5-1 所示。

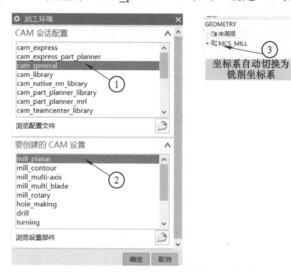

图 5-1　车铣复合编程之铣削加工界面

5.1.2　铣削坐标系、毛坯设置

常规的坐标原点要与设计基准重合，本案例设置在顶面中心。毛坯设置为实体方块（如果用 2D 线段进行编程，可以不设置毛坯），坐标系、WORKPIECE 设置步骤如图 5-2、图 5-3 所示。

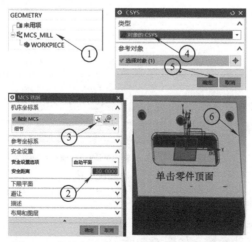

图 5-2　车铣复合编程之铣削编程坐标系设置

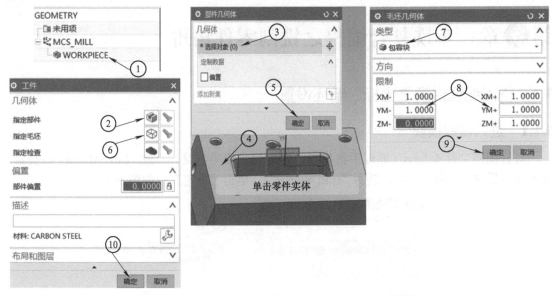

图 5-3　车铣复合编程之铣削编程 WORKPIECE 设置

5.2　铣削编程讲解之面铣、粗铣、精铣、钻孔

5.2.1　面铣

1）创建面铣工序。如图 5-4 所示。

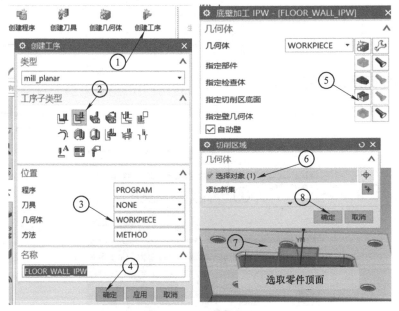

图 5-4　创建面铣工序

2）创建面铣刀具。如图 5-5 所示。

3）设置面铣切削参数。如图 5-6 所示。

4）设置面铣非切削移动参数。如图 5-7 所示。

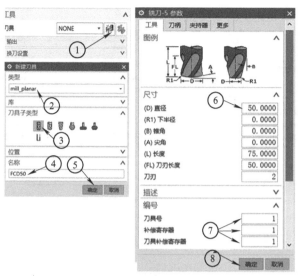

图 5-5　创建面铣刀具

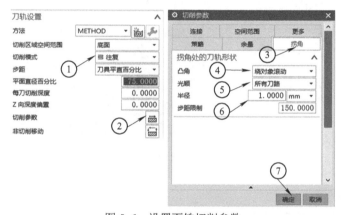

图 5-6　设置面铣切削参数

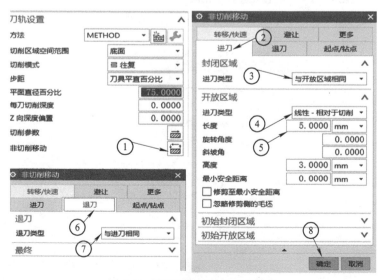

图 5-7　设置面铣非切削移动参数

5）设置面铣进给率和速度。如图 5-8 所示。

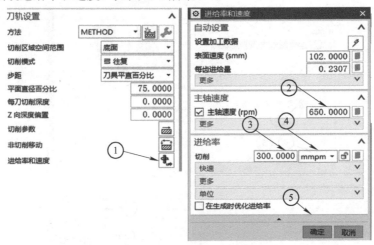

图 5-8　设置面铣进给率和速度

6）生成刀轨。如图 5-9 所示。

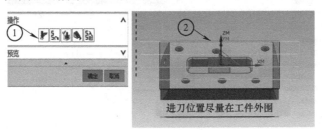

进刀位置尽量在工件外围

图 5-9　生成刀轨

5.2.2　粗铣外形

1）单击"创建工序"，"类型"选择"mill_planar"，"工序子类型"选择平面铣，"几何体"选择"MCS_MILL"，单击"确定"，如图 5-10 所示。

图 5-10　创建工序

2）选择加工结构。选取零件底面详细步骤如图 5-11、图 5-12 所示。

选取零件底面 2D 轮廓线作为加工结构，选取零件顶面作为加工结构的起始深度，选取零件底面作为加工最终深度。通过这些步骤选择，软件获得加工结构、加工深度等信息。

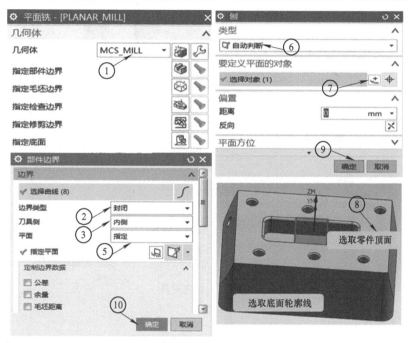

图 5-11　选择加工结构 1

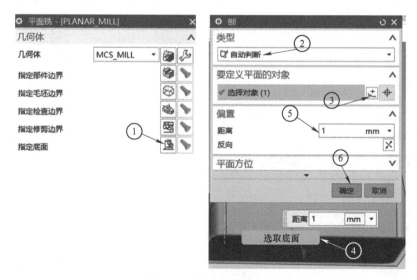

图 5-12　选择加工结构 2

3）创建刀具。步骤如图 5-13 所示。

4）设置切削模式和切削参数。步骤如图 5-14 所示。

5）设置非切削移动、切削层参数。步骤如图 5-15 所示。

6）设置进给率和速度。步骤如图 5-16 所示。

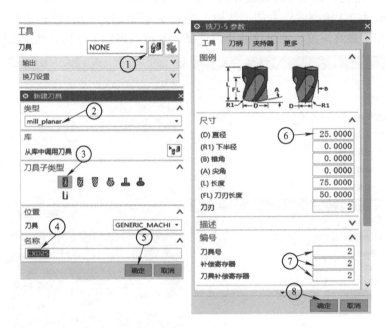

图 5-13 创建刀具

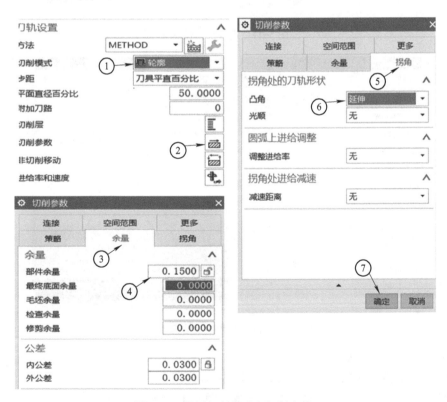

图 5-14 设置切削模式和切削参数

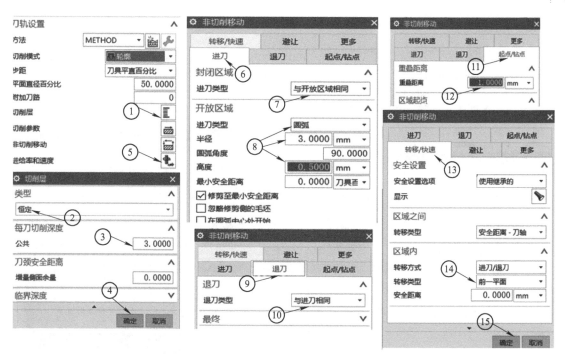

图 5-15　设置非切削移动、切削层参数

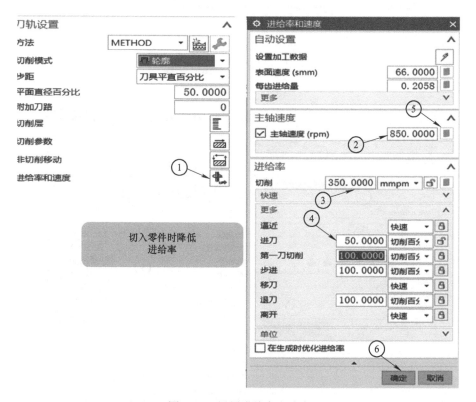

图 5-16　设置进给率和速度

7）生成刀轨。参照 5.2.1 节方法操作。

5.2.3 粗铣型腔

1）单击"创建工序"，"类型"选择"mill_contour"，"工序子类型"选择型腔铣，"几何体"选择"WORKPIECE"，单击"确定"，进入加工设置模块后，通过"面"方法选择加工区域（零件顶面型腔），最后单击"确定"，如图 5-17 所示。

2）创建刀具。步骤如图 5-18 所示。

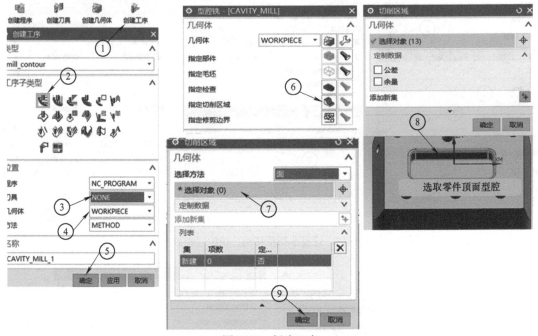

图 5-17　创建工序

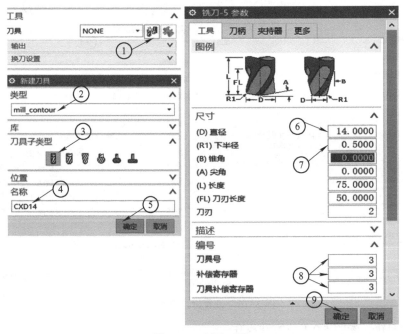

图 5-18　创建刀具

3）设置切削参数。步骤如图 5-19 所示。

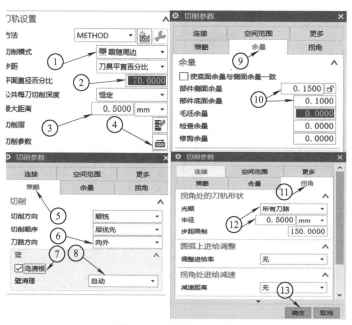

图 5-19　设置切削参数

4）设置非切削移动参数。步骤如图 5-20 所示。
5）设置进给率和速度。步骤如图 5-21 所示。

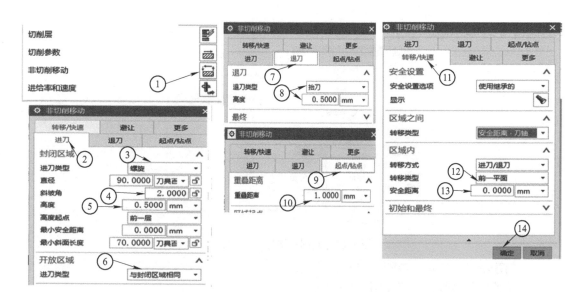

图 5-20　设置非切削移动参数

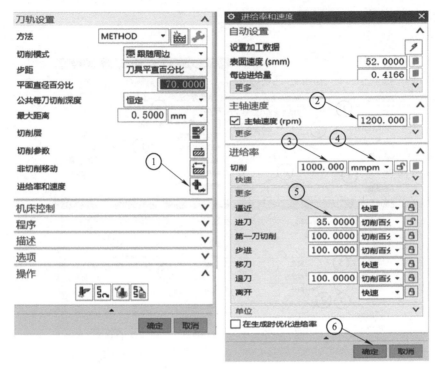

图 5-21　设置进给率和速度

6）生成刀轨。参照 5.2.1 节的方法操作。

5.2.4　精铣外形

1）复制粗铣外形的刀路。步骤如图 5-22 所示。

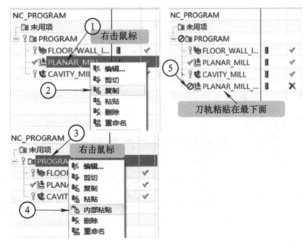

图 5-22　复制粗铣外形的刀路

2）创建精加工刀具。步骤如图 5-23 所示。

3）设置切削参数。步骤如图 5-24 所示。

4）设置非切削移动参数。步骤如图 5-25 所示。考虑到外形尺寸公差，编程时设置输出刀具补偿。

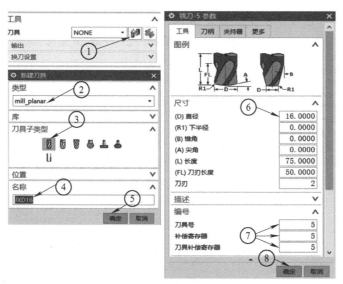

图 5-23 创建精加工刀具

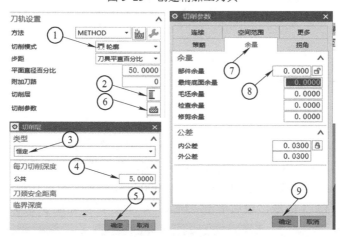

图 5-24 设置切削参数

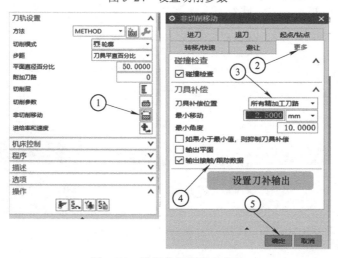

图 5-25 设置非切削移动参数

5）设置进给率和速度。步骤如图 5-26 所示。

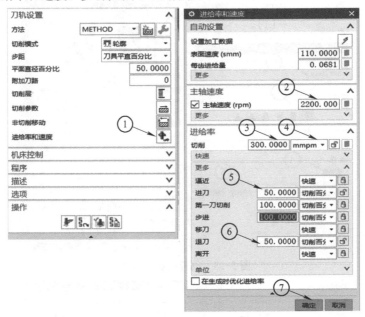

图 5-26　设置进给率和速度

6）生成刀轨。具体步骤参照 5.2.1 节。

5.2.5　精铣型腔

1）单击"创建工序"，"类型"选择"mill_contour"，"工序子类型"选择深度轮廓加工，"几何体"选择"WORKPIECE"，"刀具"选择"JXD16（铣刀-5 参数）"，单击"确定"，进入加工参数设置界面，设置"最大距离"为 5.0000mm，选择"指定切削区域"，选择对象，选取零件顶面型腔为加工区域，最后单击"确定"。具体操作如图 5-27 所示。

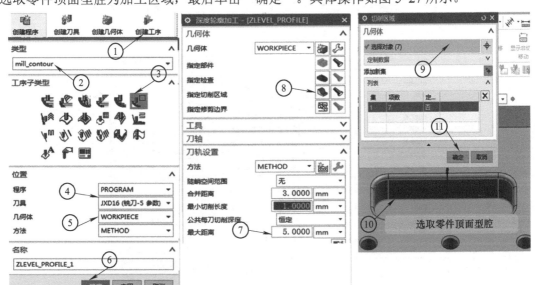

图 5-27　创建工序

2）设置切削参数。本次设置全部采用默认值。

3）设置非切削移动参数。步骤如图 5-28 所示。

4）设置进给率和速度，步骤如图 5-29 所示。

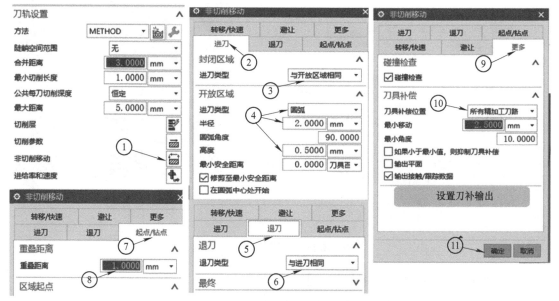

图 5-28　设置非切削移动参数

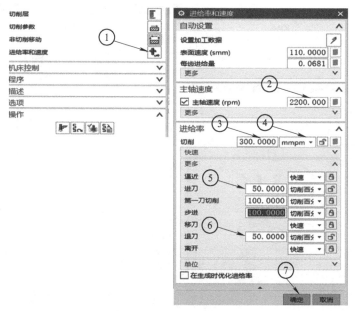

图 5-29　设置进给率和速度

5.2.6　钻孔 1

1）单击"创建工序"，"类型"选择"hole-making"，"工序子类型"选择定心钻，"几何体"选择"MCS_MILL"，"名称"为"DZ-D12"－单击"确定"，进入加工设置模块，通过"特征"选择对象，选择零件顶面所有孔，最后单击"确定"。具体步骤如图 5-30 所示。

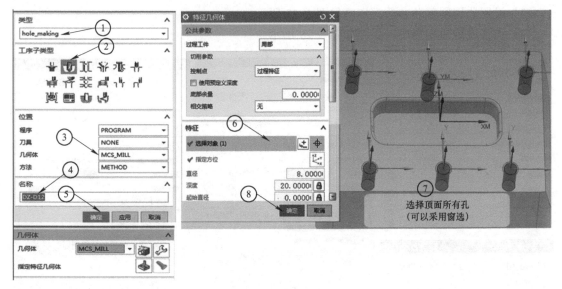

图 5-30 创建工序

2）创建 D12mm 点钻。具体步骤如图 5-31 所示。

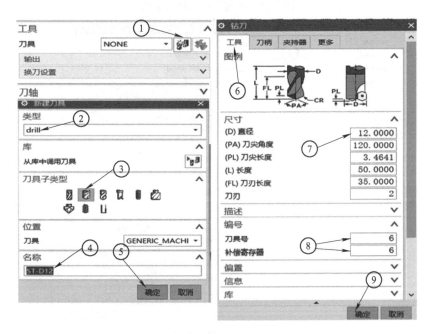

图 5-31 创建 D12mm 点钻

3）设置切削参数。具体步骤如图 5-32 所示。

4）设置进给率和速度。具体步骤参照之前案例。将主轴速度设置为 1200，进给率设置为 120mmpm。

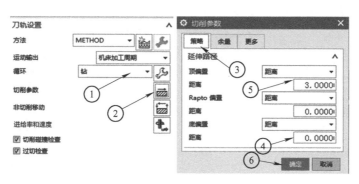

图 5-32 设置切削参数

5.2.7 钻孔 2

1）单击"创建工序"，"类型"选择"hole_making"，"工序子类型"选择定心钻，"几何体"选择"MCS_MILL"，"名称"为"ZK_D12"，单击"确定"，进入加工参数设置界面，选择"指定特征几何体"，通过特征选择对象，选择零件顶面所有孔，最后单击"确定"。具体步骤请参照图 5-33 所示。

2）创建"名称"为 DR-D8，直径为 8.0000mm 麻花钻。具体步骤如图 5-34 所示。

3）设置切削参数。具体步骤如图 5-35 所示。

4）设置进给率和速度。具体步骤参照之前案例。将"主轴速度"设为 900，"进给率"设为 120mmpm。

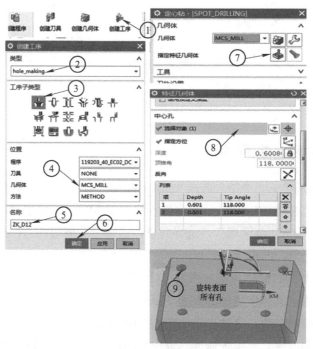

图 5-33 创建工序

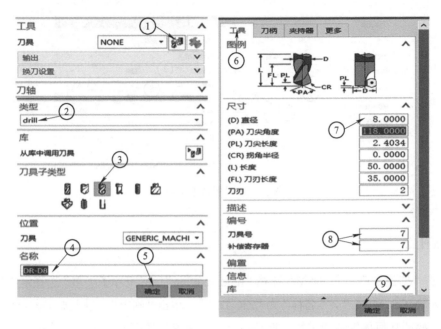

图 5-34　创建"名称"为 DR-D8、直径为 8.0000mm 的麻花钻

图 5-35　设置切削参数

5.3　铣削编程讲解之曲面铣

1）单击"创建工序"，"类型"选择"mill_contour"，"工序子类型"选择固定轮廓铣，"几何体"选择"WORKPIECE"，"名称"设为"QM-R2"，单击"确定"，进入加工参数设置界面，选择"指定切削区域"，选择对象，选择型腔周边圆角，最后单击"确定"。具体步骤如图 5-36 所示。

2）创建 R2mm 球刀。具体步骤如图 5-37 所示。

3）设置切削参数。具体步骤如图 5-38 所示。

4）设置非切削移动参数。具体步骤如图 5-39 所示。

5）设置进给率和速度。"主轴速度"设为 8000，"进给率"设为 500mmpm。

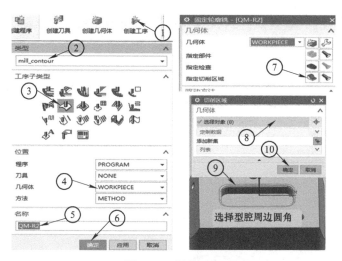

图 5-36 创建工序

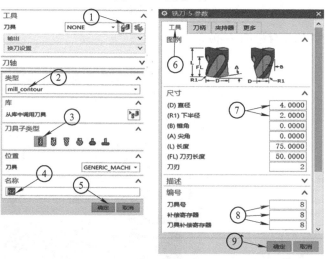

图 5-37 创建 R2mm 球刀

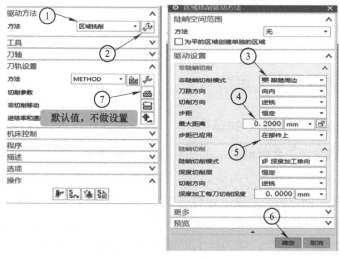

图 5-38 设置切削参数

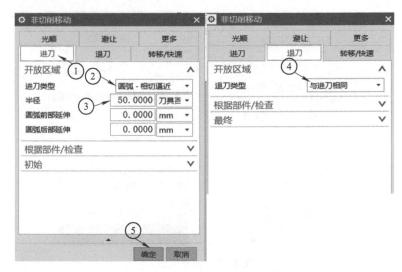

图 5-39　设置非切削移动参数

6）生成刀轨。具体步骤如图 5-40 所示。

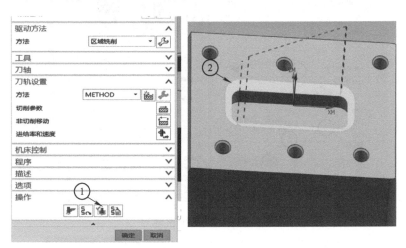

图 5-40　生成刀轨

5.4　铣削编程讲解之 3+2 定轴

5.4.1　3+2 定轴编程在 UG 中的运用

3+2 定轴编程通常用于多轴机床。在 UG NX 软件应用中，要求刀具的刀轴必须垂直于加工结构，编程中需要指定矢量方向等。

1）单击"创建工序"，"类型"选择"mill_planar"，"工序子类型"选择带 IPW 的底壁铣，"刀具"选择"CXD25（铣刀 -5 参数）""几何体"选择"WORKPIECE""名称"为"QM-3_2"，单击"确定"，进入加工设置模块，选择"指定切削区底面"，通过"选择对象"，选取斜面为加工面，最后单击"确定"，具体步骤如图 5-41 所示。

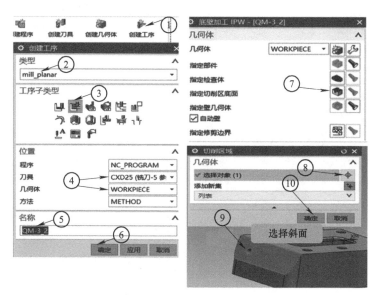

图 5-41　创建工序

2）设置非切削移动参数。具体步骤如图 5-42 所示。

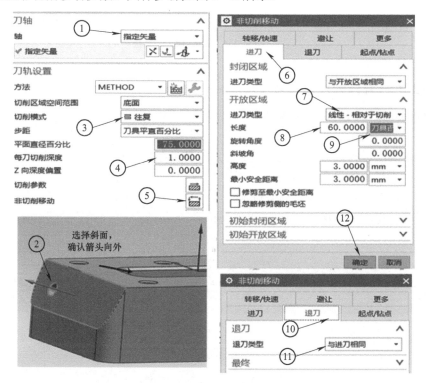

图 5-42　设置非切削移动参数

3）设置进给率和速度。"主轴速度"设为 2000，"进给率"设为 500mmpm。

4）生成刀轨。具体步骤如图 5-43 所示。

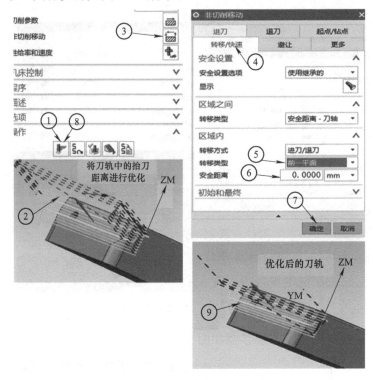

图 5-43　生成刀轨

5.4.2　3+2 定轴编程的注意事项

1）编程刀路采用的是 3 轴铣削刀路。

2）要正确设置矢量方向。

3）除特殊加工以外，一般情况下矢量的方向箭头都是朝向外。

4）刀具的刀轴始终垂直于加工的工作面或平行面加工侧面。

5）进退刀的距离按照矢量方向来设定。

6）应避免进退刀的距离与工件旋转的干涉。

第❻章 车铣复合编程的程序管理 >>>

6.1 程序管理在 UG 车铣复合编程中的重要性

1）在进行车削和铣削编程时，会在软件上完成多道工序，导致很多刀路工序都在一个程序组里，所以，在编程时需要将程序进行管理，以便于检查、修改等。

2）由于车铣复合编程过程中需要用到车铣复合后处理，后处理的构建对程序管理有相应的要求，即 UG NX 编制车铣复合程序需要自己定制一个编程模板。

6.2 车铣复合编程的程序管理设置 1

通过程序管理能更好地运用 UG 进行车铣复合编程。

6.2.1 程序组的分类

如图 6-1 所示，新建一个空白的车削加工模板，依次创建 OP10、OP20、OP30、OP40、OP50 程序组。

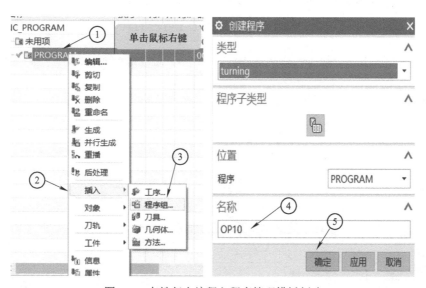

图 6-1 车铣复合编程之程序管理模板创建

6.2.2 区分第一主轴与第二主轴

如图 6-2 所示，将第一主轴的程序组命名为 SP1，第二主轴的程序组命名为 SP2（便于双主轴车铣复合编程）。

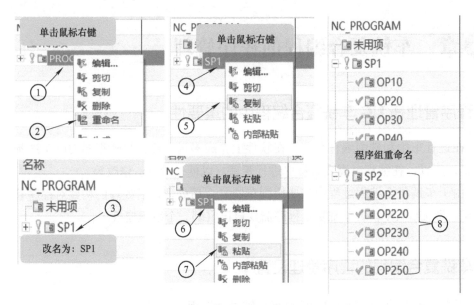

图 6-2　车铣复合编程之程序管理双主轴区分

6.3　车铣复合编程的程序管理设置 2

6.3.1　针对后处理的程序管理设置创建车削相应的加工方法

针对后处理的程序管理设置创建车削相应的加工方法的具体步骤如图 6-3 所示。

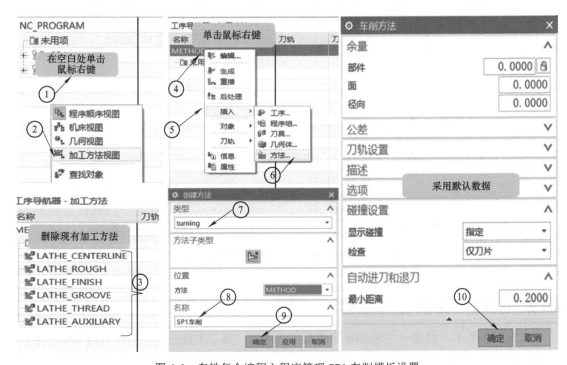

图 6-3　车铣复合编程之程序管理 SP1 车削模板设置

复制、粘贴"SP1 车削",重命名为"SP2 车削"。

6.3.2 针对后处理的程序管理设置创建铣削相应的加工方法

针对后处理的程序管理设置创建铣削相应的加工方法的具体步骤如图 6-4 所示,依次创建轴向铣削、径向铣削。

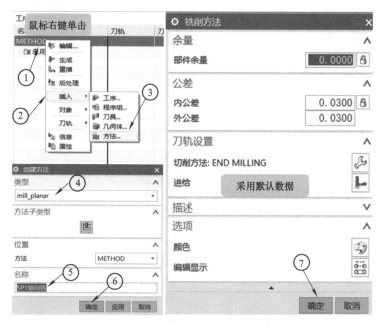

图 6-4 车铣复合编程之程序管理 SP1 铣削模板设置

复制"SP1 轴向铣",更改名为"SP2 轴向铣",具体步骤如图 6-5 所示。

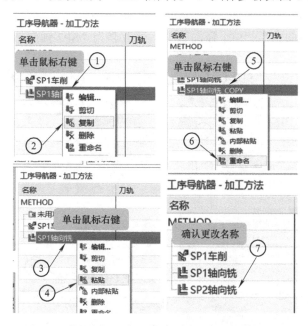

图 6-5 车铣复合编程之程序管理 SP2 铣削模板设置

分别复制"SP1 轴向铣""SP2 轴向铣",更改名为"SP1 径向铣""SP2 径向铣",可参照图 6-5 所示操作。

6.3.3 创建钻孔相应的加工方法

创建"SP1 轴向钻"加工方法。具体步骤如图 6-6 所示。

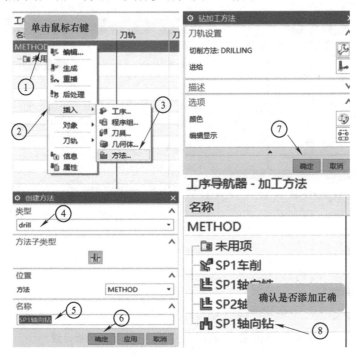

图 6-6 车铣复合编程之程序管理钻孔模板设置

创建"SP1 径向钻"加工方法。可参照图 6-6 所示操作。

分别复制"SP1 轴向钻""SP1 径向钻",更改名为"SP2 轴向钻""SP2 径向钻",可参照图 6-5 所示操作。

创建"SP1-C- 轴向铣""SP2-C- 轴向铣"加工方法。具体步骤如图 6-7 所示。

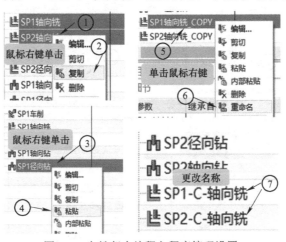

图 6-7 车铣复合编程之程序管理设置

分别复制"SP1-C- 轴向铣""SP2-C- 轴向铣",更改名为"SP1-C- 径向铣""SP2-C-径向铣",可参照图 6-7 所示操作。

依照以上讲解的方法,将"几何坐标系"进行分类创建。创建后如图 6-8 所示(铣削坐标系下需创建"WORKPIECE")。

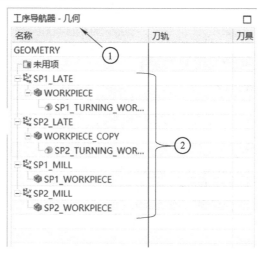

图 6-8　车铣复合编程之程序管理坐标系设置

6.3.4　添加车铣复合编程模板

1)将文件进行保存,命名为"moban.prt"。

2)把保存好的文件复制或者剪切到 UG 软件的安装目录 \UG12.0\MACH\resource\template_part\metric 里。具体操作如图 6-9 所示。

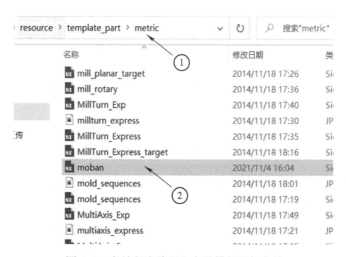

图 6-9　车铣复合编程之车铣模板添加方法 1

3)在 UG 软件的安装目录里以记事本的方式打开 \UG8.0\MACH\resource\template_set 里的"cam_general"文件,复制模板文件,并将它粘贴在第一行,并改名为"moban.prt"。具体操作如图 6-10 所示。

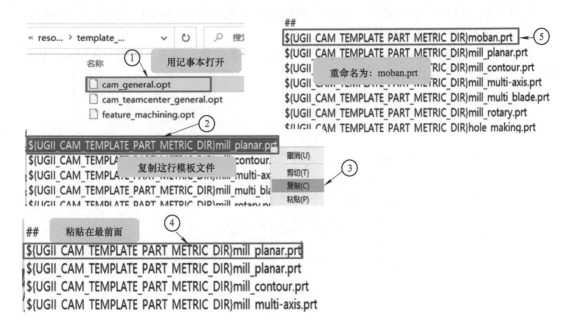

图 6-10　车铣复合编程之车铣模板添加方法 2

4）先关闭 UG 软件，再重新打开 UG 文件，接着新建一个图档，然后进入"加工"模块，这时会看到刚才设置好的模板文件，单击模板文件，最后单击"确定"，如图 6-11所示。

图 6-11　车铣复合编程之模板检查

6.4　车铣复合程序管理的实际运用

前面已经把车铣复合加工中所遇到的加工方法进行了分类设置。在车铣复合编程中，创建工序时需根据加工结构设置加工方法。具体操作如图 6-12 所示。

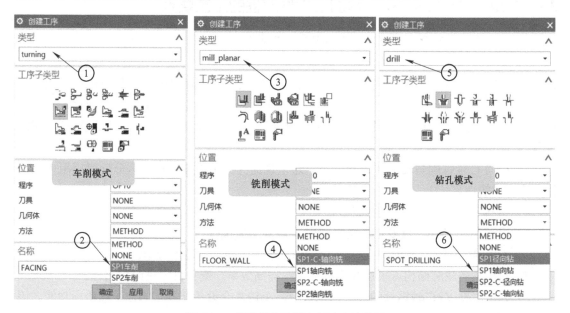

图 6-12　车铣复合编程之创建方法设置

第 7 章　车铣复合编程的工艺要点　>>>

7.1　XZC 三轴联动车铣复合加工零件编程的工艺要点

XZC 三轴联动车铣复合加工零件编程的工艺要点：

1）钻孔、攻螺纹类的结构放在一起加工。

2）C 轴钻孔与车削钻孔要进行分类。由于车削钻孔是零件旋转、刀具前进后退运动，而铣削钻孔是刀具旋转做前进后退运动、零件固定不动，并且，为防止主轴微动，需要 C 轴夹紧，两种方式的程序格式不同，切削参数也不同，所以，在车铣编程时尽量进行分类、区分。

3）径向 C 轴铣削与轴向要进行分类。这里说的区分是工序名称的区分，可以用中文进行工序名称的命名。

4）相邻工序是可以互相衔接的。

5）由于不带 Y 轴，很多定向铣削利用 C 轴联动来执行。

6）不适合铣削有公差的内孔。通过 C 轴铣削加工的多数是多边形。

7）对于型腔轮廓结构可采用极坐标加工；提高效率，避免机床进给轴超程。

8）为了弥补 XZC 轴零件的加工需求，很多车铣复合设备配备了 G12.1 极坐标功能。该功能将虚拟的 Y 轴转换成 C 轴，效率比较高，可以加工轮廓型腔。

7.2　XYZC 四轴联动车铣复合加工零件编程的工艺要点

XYZC 四轴联动车铣复合加工零件编程的工艺要点：

1）机床配有 Y 轴，可加工有公差的内孔等结构；在 Y 轴行程范围内，可进行铣孔加工、轮廓加工等有公差的结构。程序是 XY 插补，便于程序检查。

2）需要将轴向铣削与径向铣削进行区分。

3）遇到进给轴超程现象，可采用极坐标。

4）可进行定向开粗等铣削，可用 XY 插补。

7.3　XYZBC 五轴联动车铣复合加工零件编程的工艺要点

XYZBC 五轴联动车铣复合加工零件编程的工艺要点：

1）具备 B 轴，可进行摆角加工、倾斜面加工。

2）车铣复合编程时只需将工序进行区分，以便于管理。

3）在粗加工过程中，尽量采用定轴（3+2）进行粗加工，避免联动粗加工（联动粗加工浪费时间，效率不高）。

4）换刀时注意避免与工件、夹具等的干涉。

7.4　非常规特殊结构的工具

1）在车铣复合编程中会遇到一些特殊结构，如斜面加工，这时若是用 XYZC 或 XZC 结构的机床，需要配置加工斜孔的万向动力刀座或者多头动力刀座等，如图 7-1 所示。

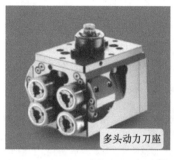 

图 7-1　车铣复合编程常用的刀座

2）在车铣复合编程中由于可以利用 C 轴进行定向插补，有些精度要求不高的齿轮、花键、键槽类零件可以用插齿刀或滚齿刀进行插齿加工或滚齿加工，如图 7-2 所示。

图 7-2　车铣复合编程一些专用刀具

3）在车铣复合编程中，加工异形结构时会创建特殊车刀来实现。所以，加工用的刀具要灵活运用。在某些特殊情况下，外径车刀可以当内孔车刀使用，铣刀可以当车刀使用，不能被加工结构和刀具的名称限制住使用的范围。

第❽章 XZC 三轴联动车铣复合加工零件编程实例 >>>

8.1　XZC 三轴联动车铣复合加工零件工艺分析

打开图档文件 8-1.prt（通过手机扫描前言中的二维码下载）。在 XZC 三轴联动车铣复合加工编程中，遇到的很多零件都是在回转型结构的基础上增加型腔、钻孔、攻螺纹工序。由于机床不带 Y 轴，因此对于定向加工就不太适合。针对本章的学习案例，初步设定加工工艺，如图 8-1 所示。

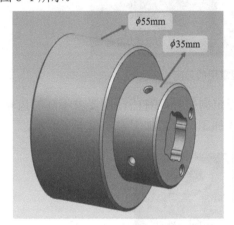

工艺分析 1：毛坯尺寸：φ60mm×60mm
OP10：夹持毛坯，粗精车φ55mm 外径和左端面，总长预留 1mm 余量。

OP20：成形软爪夹持φ55mm 外径，粗精车加工φ35mm 外径，总长加工到位，C 轴钻孔，C 轴攻螺纹、粗精铣型腔。

风险点：C 轴钻径向孔时，动力刀座与卡爪易产生干涉。
预防措施：卡爪需做避让措施。

工艺分析 2：毛坯尺寸：φ60mm×1200mm
OP10：夹持毛坯，粗精车所有外径、端面。C 轴钻孔、C 轴攻螺纹、粗精铣型腔，接料器伸出，零件切断，总长预留 0.2mm 余量。

OP20：成形软爪夹持φ55mm 外径，粗精车总长。

风险点：接料器与零件会发生碰撞，易将零件碰伤。
预防措施：接料器做碰伤防护。

图 8-1　XZC 三轴联动车铣复合编程之零件加工工艺

本章案例采用第 2 种工艺方案。

8.2　XZC 三轴联动车铣复合加工零件的刀具选择

本章案例在车铣复合加工编程中所用到的刀具有外径车刀、切断刀、点钻、φ3.65mm 麻花钻、M4 挤压丝锥、φ3mm 粗铣刀、φ3mm 精铣刀，部分刀具如图 8-2 所示。

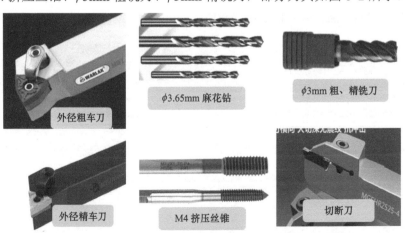

图 8-2　XZC 三轴联动车铣复合编程之零件加工用刀具

8.3　XZC 三轴联动车铣复合加工零件的工装夹具选择

在车铣复合加工编程中要结合零件的工艺，根据机床的结构来选择加工用的工装夹具。本章案例采用"三爪液压卡盘＋硬爪"夹持零件毛坯，如图 8-3 所示。

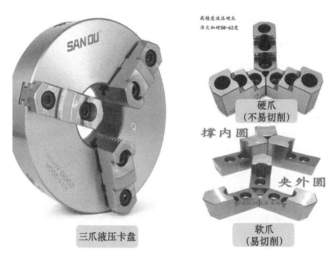

图 8-3　XZC 三轴联动车铣复合加工编程之零件装夹夹具

8.4　XZC 三轴联动车铣复合加工零件的切削参数选择

切削参数应根据加工零件的材质、工况、装夹刚性（零件夹持刚性、刀具夹持刚性）、加工精度等因素综合考虑。

本章案例结合具体工艺条件，建议切削参数如图 8-4 所示（本章零件材质为不锈钢 SUS304）。

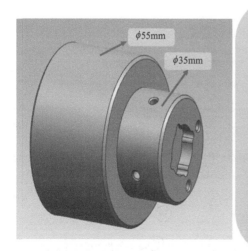

外径粗车：
转速 S=1000r/min、切削深度 a_p=1mm、进给率 F=0.1mm/r、车刀刀尖 R0.4mm

外径精车：
转速 S=1300r/min、切削深度 a_p=0.05mm、进给率 F=0.05mm/r、车刀刀尖 R0.4mm

外径切断：
转速 S=350r/min、每次切削深度 a_p=1mm、进给率 F=0.05mm/r、车刀刀尖 R0.2mm

钻孔（高速钢麻花钻）：
转速 S=1300r/min、每次切削深度 a_p=0.5mm、进给率 F=40mm/r

攻螺纹（挤压丝锥）：
转速 S=200r/min、每次切削深度 a_p=10mm、进给率 F=140mm/r

粗铣型腔：
转速 S=2200r/min、每次切削深度 a_p=0.3mm、切宽 a_e=1.8mm
进给率 F=600mm/r

精铣型腔：
转速 S=3500r/min、每次切削深度 a_p=3mm、进给率 F=220mm/r

图 8-4　XZC 三轴联动车铣复合加工编程之零件参数

8.5 XZC 三轴联动车铣复合加工零件编程设置

1）创建车加工横截面、坐标系、外径、端面粗车。端面预留 0.1mm 余量，外径预留 0.05mm 余量，如图 8-5 所示（具体步骤可参照第 4 章）。

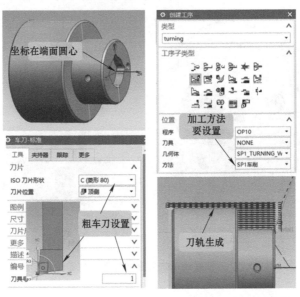

图 8-5 XZC 三轴联动车铣复合加工编程之 SP1 车削编程 1

2）创建精车端面工序。复制粗加工工序，更改刀具、加工余量、切削参数，生成刀轨，具体操作步骤如图 8-6、图 8-7 所示。

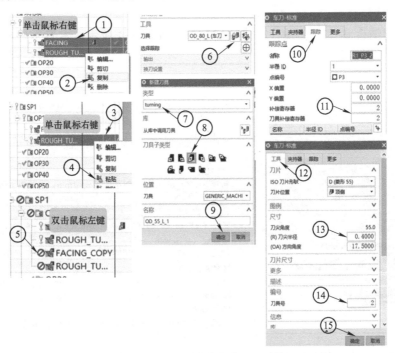

图 8-6 XZC 三轴联动车铣复合加工编程之 SP1 车削编程 2

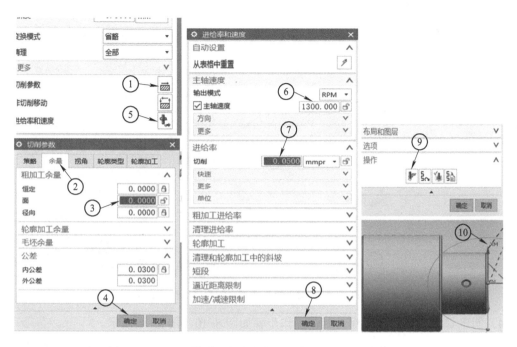

图 8-7　XZC 三轴联动车铣复合加工编程之 SP1 车削编程 3

3）创建精车外径工序。复制粗加工工序，更改刀具、加工余量、非切削移动参数，生成刀轨，具体操作步骤如图 8-8、图 8-9 所示。

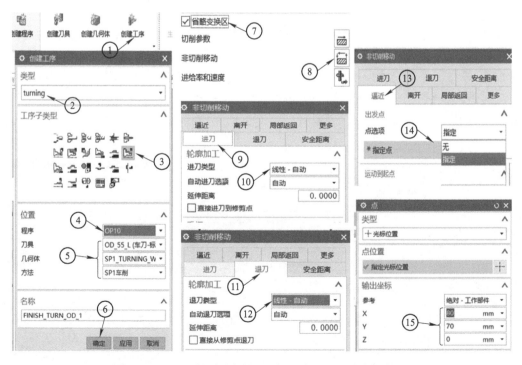

图 8-8　XZC 三轴联动车铣复合加工编程之 SP1 车削编程 4

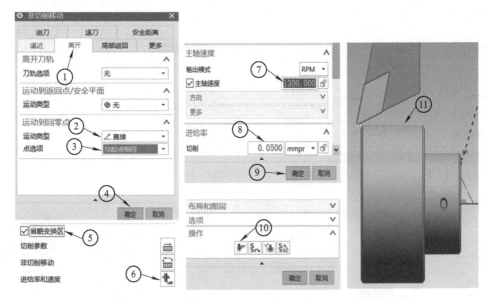

图 8-9　XZC 三轴联动车铣复合加工编程之 SP1 车削编程 5

4）创建 C 轴轴向钻孔工序。具体操作步骤如图 8-10、图 8-11 所示。

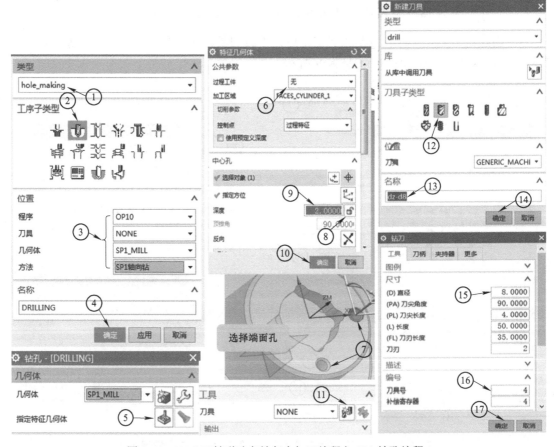

图 8-10　XZC 三轴联动车铣复合加工编程之 SP1 钻孔编程 1

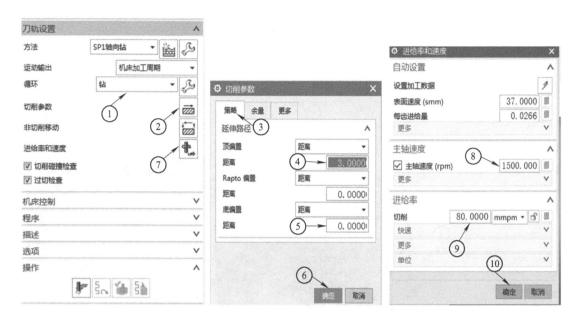

图 8-11　XZC 三轴联动车铣复合加工编程之 SP1 钻孔编程 2

5）创建 C 轴径向钻孔工序。具体操作步骤如图 8-12、图 8-13 所示。

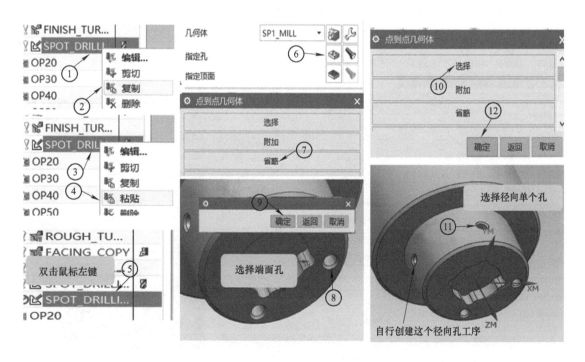

图 8-12　XZC 三轴联动车铣复合加工编程之 SP1 钻孔编程 3

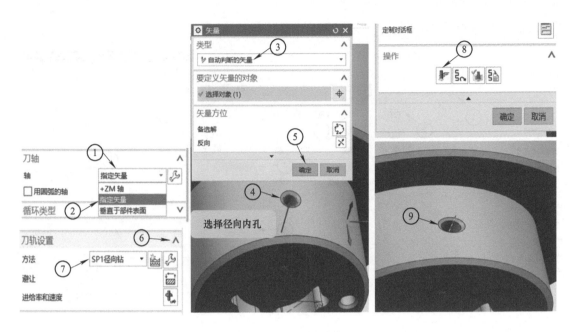

图 8-13　XZC 三轴联动车铣复合加工编程之 SP1 钻孔编程 4

另外一个径向孔工序（图 8-12），请自行创建。

6）创建 C 轴型腔粗加工工序。具体操作步骤如图 8-14、图 8-15 所示。

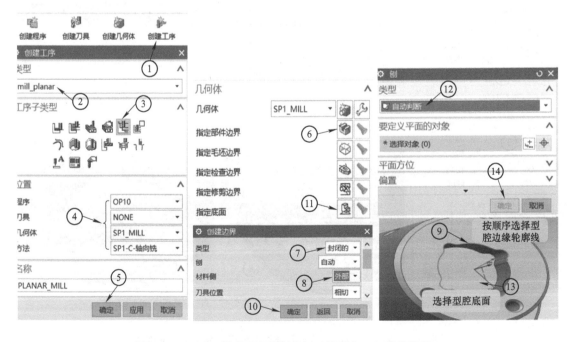

图 8-14　XZC 三轴联动车铣复合加工编程之 SP1 粗铣编程 1

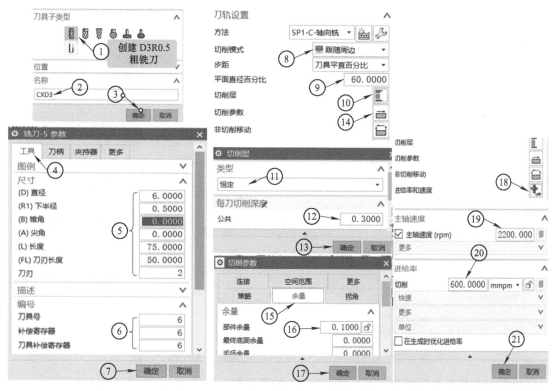

图 8-15　XZC 三轴联动车铣复合加工编程之 SP1 粗铣编程 2

7）设置进 / 退刀参数。具体操作步骤如图 8-16 所示。

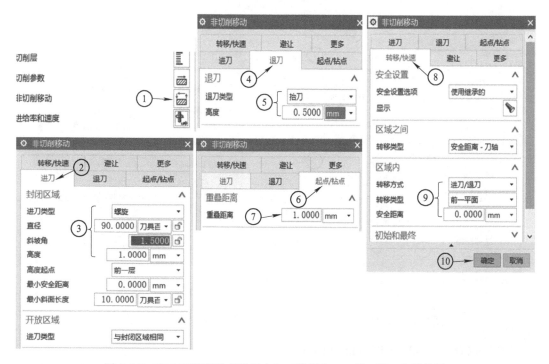

图 8-16　XZC 三轴联动车铣复合加工编程之 SP1 进 / 退刀参数设置

8）创建 C 轴型腔精加工工序。复制、粘贴 C 轴型腔粗加工工序，创建"JXD6 精铣刀"，更改切削方式、切削深度、进 / 退刀，具体操作步骤如图 8-17 所示。

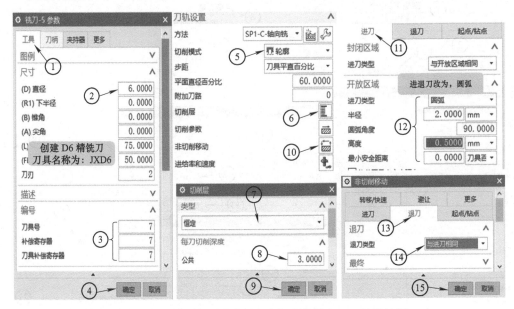

图 8-17　XZC 三轴联动车铣复合加工编程之 SP1 精铣编程

将切削参数里的底面和侧面余量设为 0，转速设置为 S3500，F 值设置为 F220。

9）创建 C 轴轴向攻螺纹工序，具体操作步骤如图 8-18 所示。

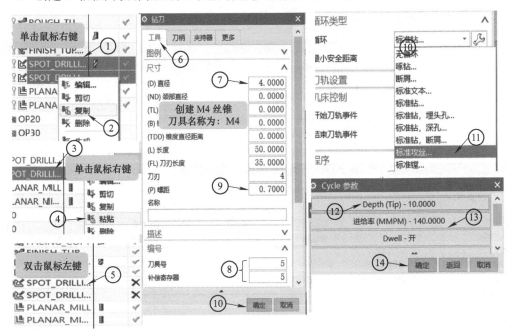

图 8-18　XZC 三轴联动车铣复合加工编程之 SP1 轴向攻螺纹编程

将转速设置为 S200，F 值设置为 F140。

10）创建 C 轴径向攻螺纹工序。更改刀具、循环模式、每次切削深度、转速及进给率。

相关步骤可参考图 8-18 所示。

　　11）创建切断工序。具体操作步骤如图 8-19、图 8-20 所示。

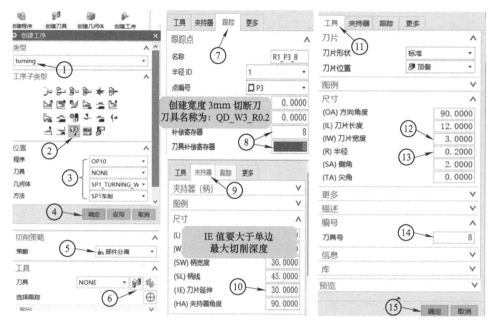

图 8-19　XZC 三轴联动车铣复合加工编程之 SP1 切断编程 1

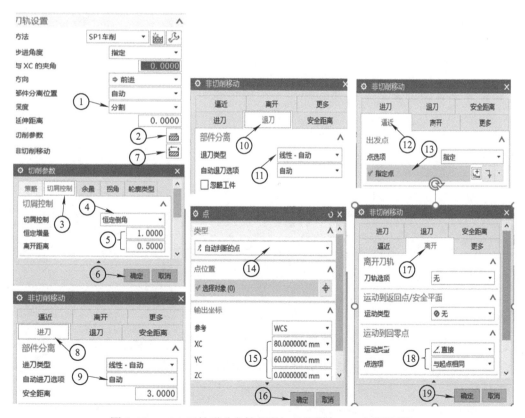

图 8-20　XZC 三轴联动车铣复合加工编程之 SP1 切断编程 2

8.6　XZC 三轴联动车铣复合加工零件编程完毕后的检查

1）检查车削刀路的进 / 退刀是否与零件产生干涉。

2）检查铣削刀路的进 / 退刀是否与零件产生干涉。

3）检查各工序的加工方法是否设定正确（这一步关系到后面的后处理）。

4）检查刀具号是否正确（通常避免干涉的情况下，车削刀具与铣削刀具应错开一个刀座位置）。

第❾章 XZC 三轴联动车铣复合机床后处理制作 >>>

9.1 打开车铣复合后处理构造器

1）打开 UG NX 后处理构造器，具体操作步骤如图 9-1 所示（以 Windows10 系统为例）。

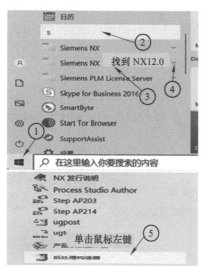

图 9-1 打开后处理构造器

2）后处理初始界面如图 9-2 所示（提前将后处理构造器语言更改为中文）。依次单击"Options"—"Language"—"中文（简体）"—"文件"—"打开"，按图提示进行设置。

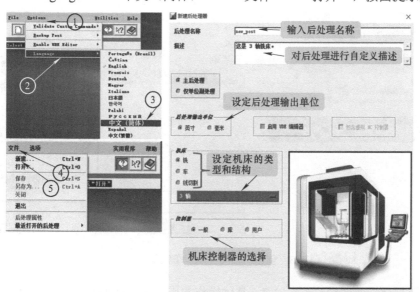

图 9-2 后处理界面

9.2 创建 XZC 三轴联动车铣复合后处理

制作 XZC 三轴联动车铣复合后处理方法有好多种。可以用一个后处理处理所有车铣复合编程的刀路，也可以用多个后处理进行链接来处理所有的车铣复合编程的刀路。两者的结果都是一样的。对于智能化要求很高的后处理，不仅要求会 TCL 语言，对英文要求也高，一般技术人员较难掌握。下面介绍的是用链接的方式创建车铣复合后处理，这种方法普通的技术人员也能轻松掌握。

针对 XZC 三轴联动车铣复合后处理，一般需要创建 3 个后处理，分别为轴向铣削 + 径向铣削 + 车削。

9.2.1 创建"轴向铣削"车铣复合后处理

1）打开 UG NX 后处理构造器，创建后处理，并另存为"XZC_MZ_SP1"，具体操作如图 9-3 所示。

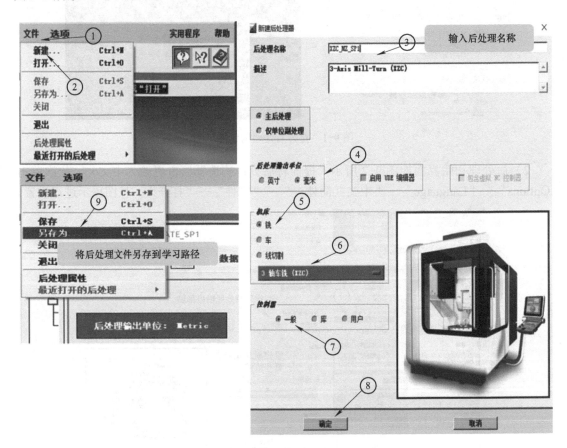

图 9-3 创建"轴向铣削"车铣复合后处理

2）车铣复合后处理修改 1.1、1.2。具体操作如图 9-4、图 9-5 所示。

3）车铣复合后处理修改 2.1 ～ 2.3。具体操作如图 9-6 ～图 9-8 所示。

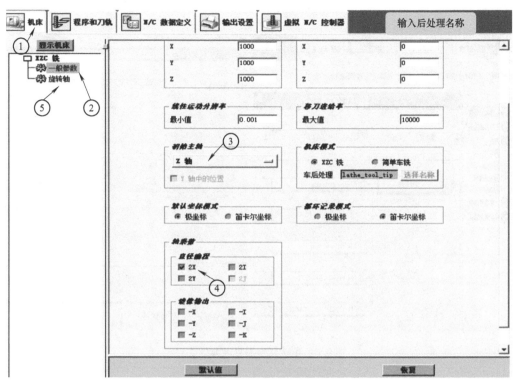

图 9-4　车铣复合后处理修改 1.1

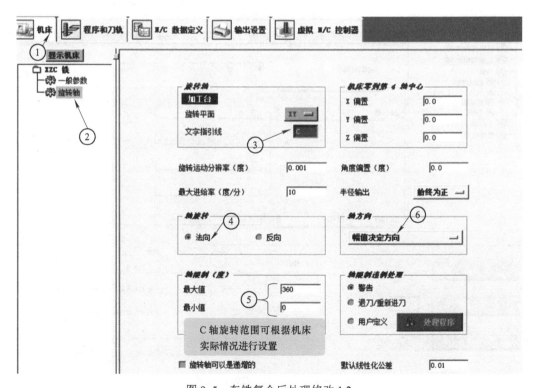

图 9-5　车铣复合后处理修改 1.2

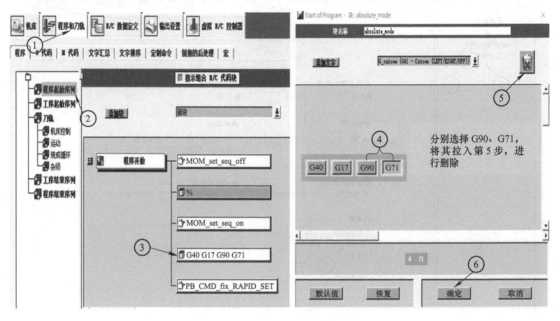

图 9-6　车铣复合后处理修改 2.1

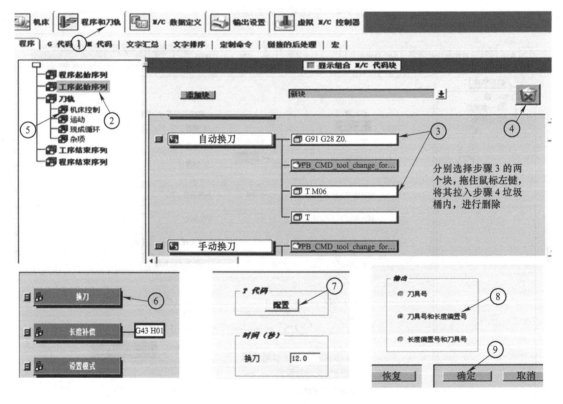

图 9-7　车铣复合后处理修改 2.2

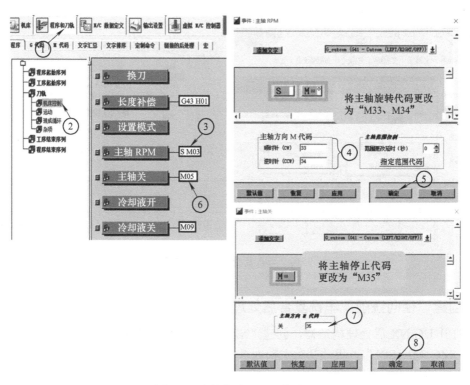

图 9-8　车铣复合后处理修改 2.3

4）车铣复合后处理修改 3.1、3.2。具体操作如图 9-9、图 9-10 所示。

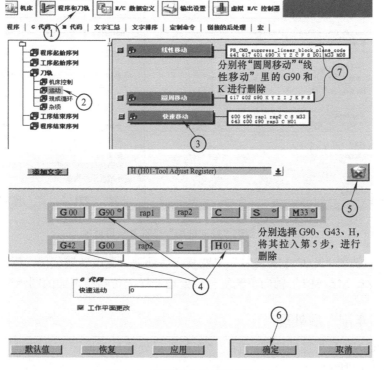

图 9-9　车铣复合后处理修改 3.1

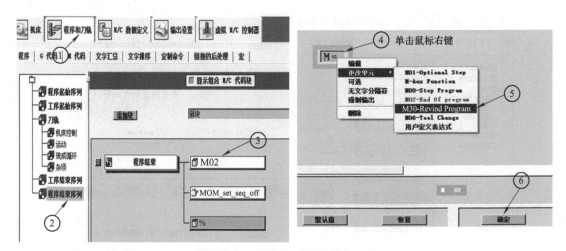

图 9-10 车铣复合后处理修改 3.2

9.2.2 创建"径向铣削"车铣复合后处理

1）打开 UG NX 后处理构造器，创建"XZC_MX_SP1"径向铣削车铣复合后处理，并另存为"XZC_MX_SP1"，更改初始主轴为"+X 轴"，具体操作如图 9-11 所示。

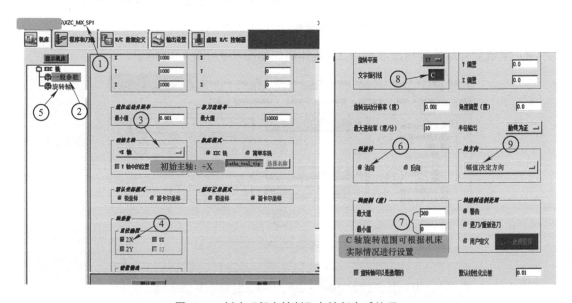

图 9-11 创建"径向铣削"车铣复合后处理

2）更改径向铣削"XZC_MX_SP1"车铣复合后处理。更改转速代码，删除多余的代码。更改内容与"XZC_MZ_SP1"轴向车铣复合后处理一样。可参照前面的图示操作。

9.2.3 创建"车削"后处理

1）打开 UG NX 后处理构造器，创建"车削"后处理，并另存为"XZC_LATE_SP1"，具体操作如图 9-12 所示。

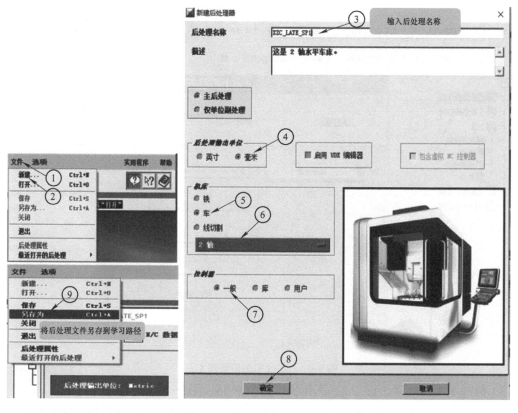

图 9-12　创建"车削"后处理

2）修改车削后处理 1.1、1.2。具体操作如图 9-13、图 9-14 所示。

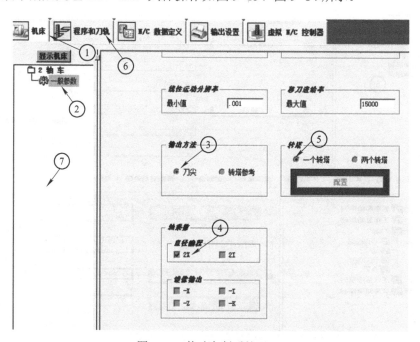

图 9-13　修改车削后处理 1.1

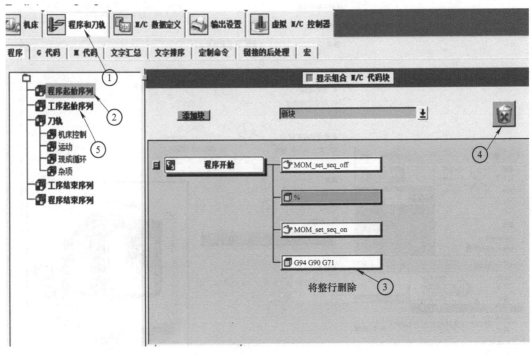

图 9-14 修改车削后处理 1.2

3）修改车削后处理 2.1、2.2。具体操作如图 9-15、图 9-16 所示。

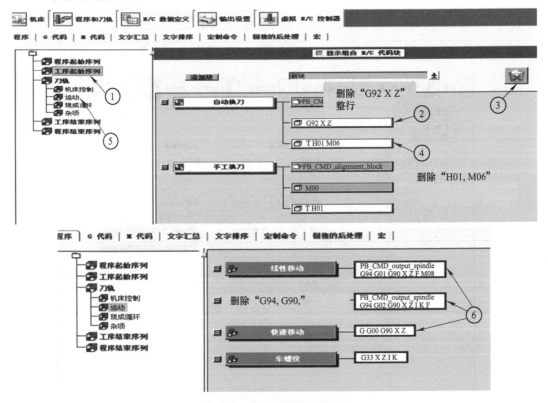

图 9-15 修改车削后处理 2.1

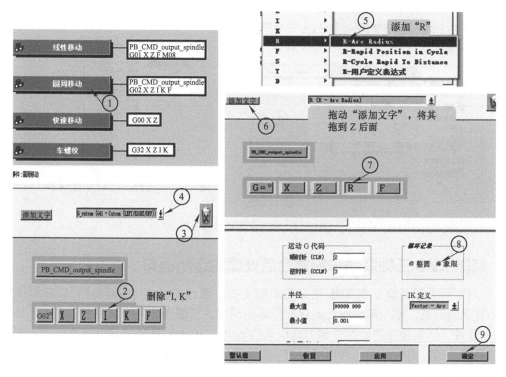

图 9-16　修改车削后处理 2.2

4）修改车削后处理 3.1、3.2。具体操作如图 9-17、图 9-18 所示。

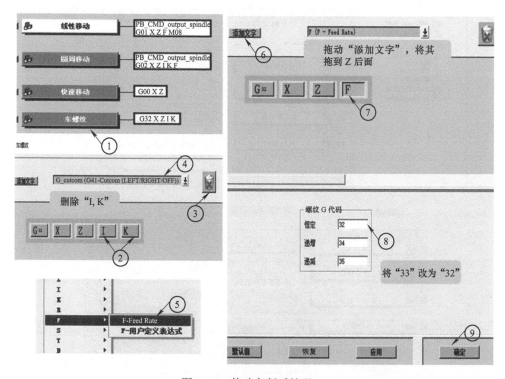

图 9-17　修改车削后处理 3.1

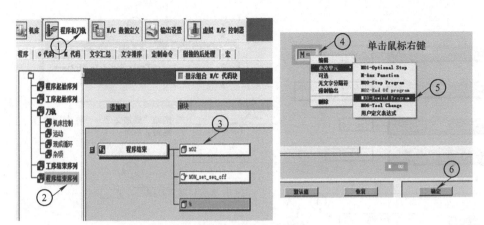

图 9-18　修改车削后处理 3.2

9.3　制作 XZC 三轴联动车铣复合后处理的定制语句

UG NX 后处理是建立在 TCL 语言的基础上的。通过 TCL 语言的创建可以在程序中增加很多直观的信息，便于车铣复合编程和设备的调试。下面介绍两个常用的语句。

1）通过"运算程序消息"定制刀具信息的输出。UG NX 默认的后处理模板是不能输出刀具信息的。通过定制语句，利用后处理界面中的"运算程序消息"，输出刀具信息。具体步骤如图 9-19 所示。

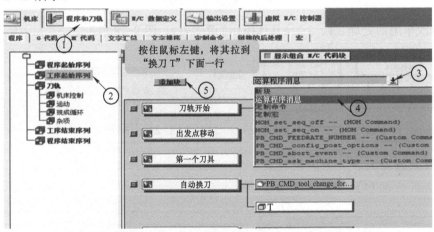

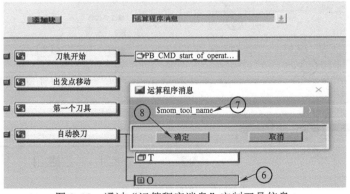

图 9-19　通过"运算程序消息"定制刀具信息

2）通过"定制命令"定制刀具信息的输出。具体步骤如图 9-20、图 9-21 所示。

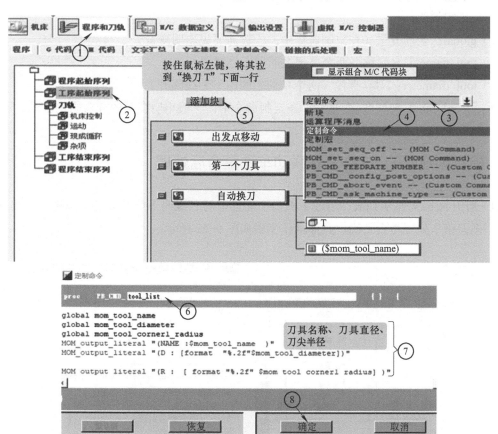

图 9-20　通过"定制命令"定制刀具信息 1

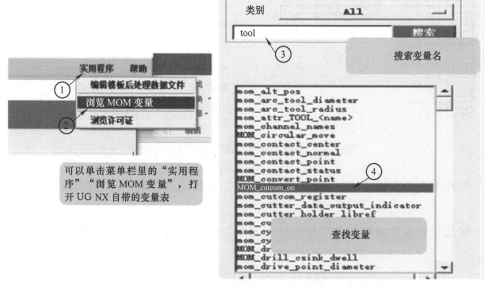

图 9-21　通过"定制命令"定制刀具信息 2

常用语句说明：

1）global：全局变量（在定制命令中，一般需要先申明变量）。

2）tool_name 刀具名称（两个单词之间用下划线隔开）。

3）tool_diameter：刀具直径（两个单词之间用下划线隔开）。

4）global_mom_*****（变量）：在定制命令中，一般申明变量的开头固定格式。

9.4　检查创建好的 XZC 三轴联动车铣复合后处理

1）打开图档文件 9-1.prt（通过手机扫描前言中的二维码下载）。检查车铣复合编程中的"车削刀路"处理是否正确，具体操作步骤如图 9-22 所示。

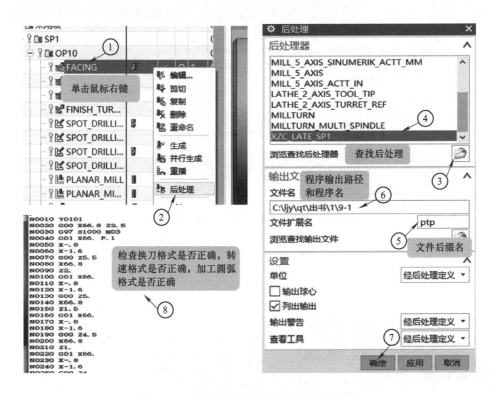

图 9-22　检查"车削刀路"处理是否正确

2）检查车铣复合编程中的"轴向铣削刀路"处理是否正确，具体操作步骤如图 9-23 所示。

3）检查车铣复合编程中的"径向铣削刀路"处理是否正确，具体操作步骤如图 9-24 所示。

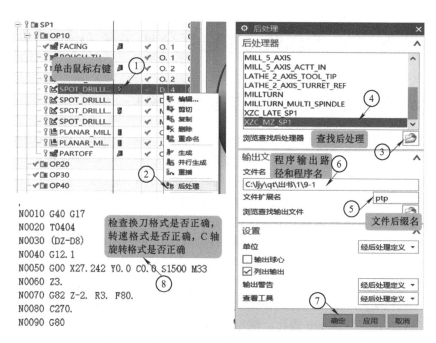

```
N0010 G40 G17
N0020 T0404
N0030 (DZ-D8)
N0040 G12.1
N0050 G00 X27.242 Y0.0 C0.0 S1500 M33
N0060 Z3.
N0070 G82 Z-2. R3. F80.
N0080 C270.
N0090 G80
```

检查换刀格式是否正确，
转速格式是否正确，C 轴
旋转格式是否正确

图 9-23　检查"轴向铣削刀路"处理是否正确

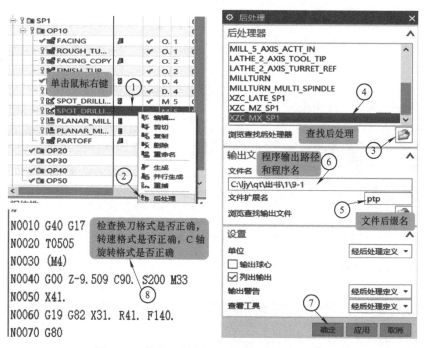

```
N0010 G40 G17
N0020 T0505
N0030 (M4)
N0040 G00 Z-9.509 C90. S200 M33
N0050 X41.
N0060 G19 G82 X31. R41. F140.
N0070 G80
```

检查换刀格式是否正确，
转速格式是否正确，C 轴
旋转格式是否正确

图 9-24　检查"径向铣削刀路"处理是否正确

第❿章　XYZC四轴联动车铣复合加工零件编程实例 >>>

10.1　XYZC四轴联动车铣复合加工零件工艺分析

在XYZC四轴联动车铣复合编程中，由于机床具备Y轴插补功能，因此对于定向加工应尽量采用Y轴插补。有精度要求的内孔型腔可以用Y轴插补配合刀补来进行加工。应避免C轴联动插补造成的效率低下、多边形等现象。同时也要考虑Y轴行程，如果Y轴行程超差，最好的办法是采用极坐标程序进行加工（极坐标也可以用在XZC三轴联动车铣复合机床上）。对于UG NX的车铣复合编程来说，不管是定轴铣或C轴铣还是极坐标铣，它们编程所用的刀路方法都是一样的，区别在于后处理。后处理可把同样的刀路转换成不同的加工程序。

本章的学习案例是建立在第9章案例的基础上进行的。将原有C轴攻螺纹工序改为Y轴插补精铣孔工序。

打开练习图档文件9-1.prt，并另存图档为10-1.prt。将图形上的轴向φ3mm内孔和径向φ3mm内孔，全部更改为φ4mm内孔，深度为6mm。针对案例，初步设定加工工艺如下，如图10-1所示。

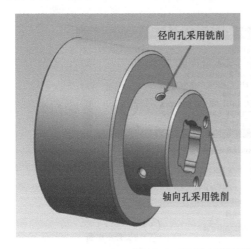

径向孔采用铣削

轴向孔采用铣削

工艺分析1：毛坯尺寸为φ60mm×60mm
OP10：夹持毛坯，粗精车φ55mm外径和左端面，总长预留1mm余量。

OP20：成形软爪夹持φ55mm外径，粗精车加工φ35mm外径，总长加工到位，C轴钻底孔，Y轴插补精铣内孔、粗精铣型腔。

风险点：C轴钻径向底孔时，动力刀座与卡爪易产生干涉。
预防措施：卡爪需做避让措施。

工艺分析2：毛坯尺寸为φ60mm×1200mm
OP10：夹持毛坯，粗精车所有外径、端面。C轴钻孔、Y轴插补精铣内孔、粗精铣型腔，接料器伸出，零件切断，总长预留0.2mm余量。

OP20：成形软爪夹持φ55mm外径，粗精车总长。

风险点：接料器与零件会发生碰撞，易将零件碰伤。
预防措施：接料器做碰伤防护。

图10-1　XYZC四轴联动车铣复合加工编程零件加工工艺

本章案例采用第2种工艺方案。

10.2　XYZC四轴联动车铣复合加工零件的刀具选择

XYZC四轴联动车铣复合加工零件的刀具选择原则：

1）为了保证刀具的使用寿命和加工效率，粗加工尽量采用耐磨、刀尖有圆弧的刀具。

2）精加工主要考虑尺寸精度，应采用锋利、耐磨的刀具。

3）切槽或切断时，由于铁屑很难被打断，所以，应尽量采用排屑顺畅的刀片。

4）对于小切削深度铣削粗加工刀具，尽量选用刀尖带R角的刀具，以增加使用寿命。

常用的XYZC四轴联动车铣复合加工零件的加工刀具如图10-2所示。

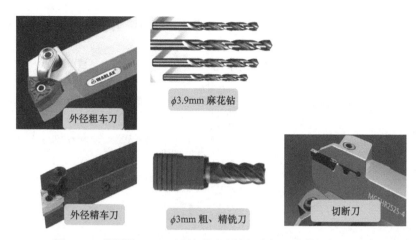

图 10-2　常用的 XYZC 四轴联动车铣复合加工零件的加工刀具

10.3　XYZC 四轴联动车铣复合加工零件的工装夹具选择

XYZC 四轴联动车铣复合加工零件的工装夹具选择原则：

1）OP10 工序：由于零件毛坯是圆的，有加工余量，为了保证夹持的刚性、稳定性、夹具的经济性，采用硬爪夹持毛坯外径。

2）OP20 工序：由于夹持的零件是精加工的外圆，为了防止零件被夹伤和夹持的精度不稳定，采用成型软爪夹持。

XYZC 四轴联动车铣复合加工零件的装夹工装如图 10-3 所示。

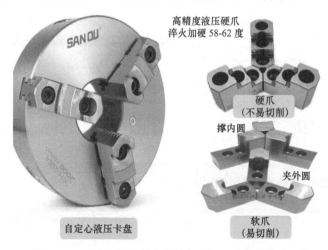

图 10-3　XYZC 四轴联动车铣复合加工零件的装夹工装

10.4　XYZC 四轴联动车铣复合加工零件的切削参数选择

XYZC 四轴联动车铣复合加工零件的切削参数选择如下：

1）对于不锈钢 304、316 等类似粘刀不断屑的材料，车削外径粗加工一般都是采用 $R0.4mm$ 的刀片，小切削深度，中等进给率和转速，避免铁屑缠绕。

2）铣削精加工，尽量采用侧刃进行加工，避免小切深，刀尖切削，影响刀具寿命和加工精度。

车铣复合零件加工的切削参数选择如图 10-4 所示。

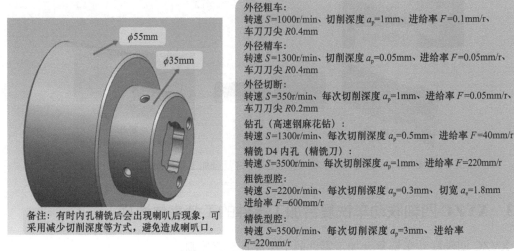

外径粗车：
转速 S=1000r/min、切削深度 a_p=1mm、进给率 F=0.1mm/r、车刀刀尖 R0.4mm

外径精车：
转速 S=1300r/min、切削深度 a_p=0.05mm、进给率 F=0.05mm/r、车刀刀尖 R0.4mm

外径切断：
转速 S=350r/min、每次切削深度 a_p=1mm、进给率 F=0.05mm/r、车刀刀尖 R0.2mm

钻孔（高速钢麻花钻）：
转速 S=1300r/min、每次切削深度 a_p=0.5mm、进给率 F=40mm/r

精铣 D4 内孔（精铣刀）：
转速 S=3500r/min、每次切削深度 a_p=1mm、进给率 F=220mm/r

粗铣型腔：
转速 S=2200r/min、每次切削深度 a_p=0.3mm、切宽 a_e=1.8mm 进给率 F=600mm/r

精铣型腔：
转速 S=3500r/min、每次切削深度 a_p=3mm、进给率 F=220mm/r

图 10-4　XYZC 四轴联动车铣复合加工零件的切削参数

10.5　XYZC 四轴联动车铣复合加工零件 UG 编程设置

由于相对应的大部分车铣复合的编程结构都已经编制完毕。本次只针对内孔更改的部位进行重新编制。

1）创建"轴向内孔 Y 轴插补精加工"工序，具体步骤如图 10-5 ～图 10-7 所示。

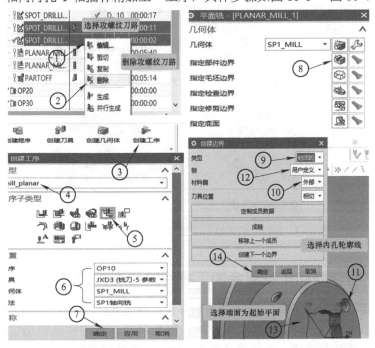

图 10-5　创建"轴向内孔 Y 轴插补精加工"工序 1

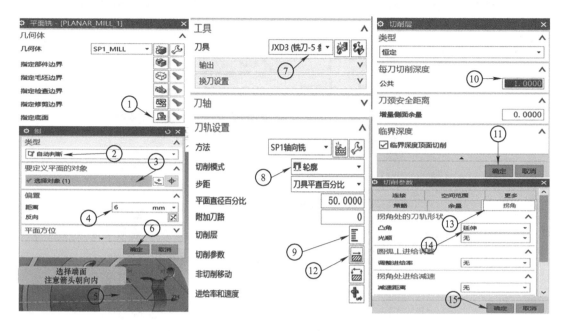

图 10-6　创建"轴向内孔 Y 轴插补精加工"工序 2

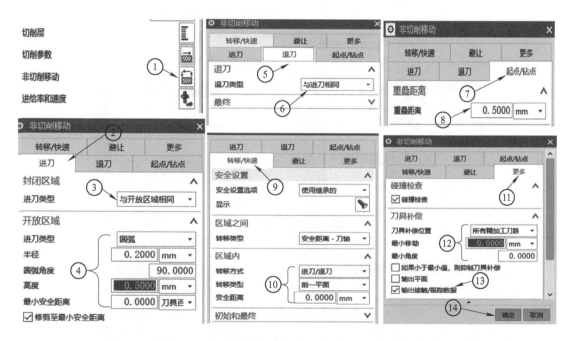

图 10-7　创建"轴向内孔 Y 轴插补精加工"工序 3

2）将转速设置为 S3500，切削进给率设置为 F220。

3）将轴向的另外一个孔也进行重新编程，并将 2 个轴向铣刀路分别重命名为"轴向内孔铣 -1"和"轴向内孔铣 -2"。

4）创建"径向内孔 Y 轴插补精加工"工序，具体操作步骤如图 10-8 ～图 10-10 所示。

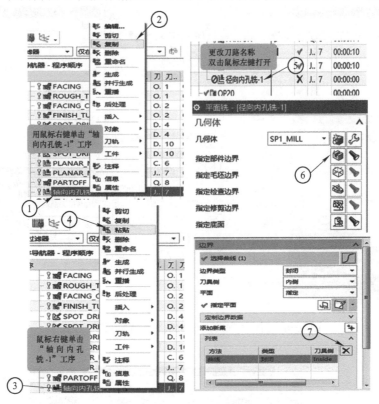

图 10-8　径向内孔 Y 轴插补精加工 1

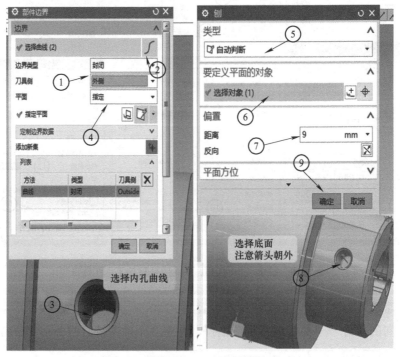

图 10-9　径向内孔 Y 轴插补精加工 2

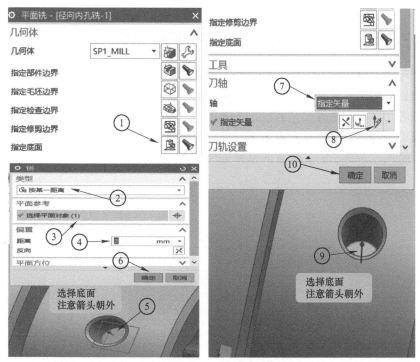

图 10-10　径向内孔 Y 轴插补精加工 3

5）重新生成刀路。具体操作步骤如图 10-11 所示。

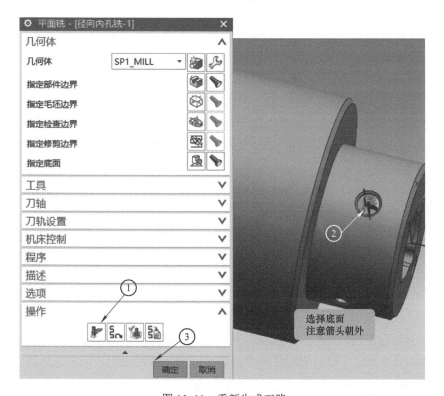

图 10-11　重新生成刀路

10.6　XYZC 四轴联动车铣复合加工零件编程完毕后的检查

1）检查车削刀路的进 / 退刀是否与零件产生干涉。
2）检查铣削刀路的进 / 退刀是否与零件产生干涉。
3）检查各工序的加工方法是否设定正确（这一步关系到后面的后处理）。
4）检查刀具号是否正确。注意车削刀具与铣削刀具是否与夹具、机床有干涉。
5）检查径向定轴加工的矢量方向设置是否正确。

第 ⑪ 章 　XYZC 四轴联动车铣复合机床后处理制作 >>>

11.1　XYZC 四轴联动车铣复合后处理的构建思路

XYZC 四轴联动车铣复合机床一般包含 XZC 机床的所有功能。在编程过程中，要将 XY 插补与 C 轴插补进行区分。在本书讲解的后处理制作方法中，需要分别创建 C 轴插补和 XY 插补后处理。可创建的后处理有：

1）车削后处理（XZC_LATE_SP1）：处理所有车削刀路。

2）轴向 C 轴后处理（XYZC_ZC_SP1）：处理所有轴向 C 轴铣削 +C 轴钻孔、攻螺纹刀路。

3）径向 C 轴后处理（XYZC_XC_SP1）：处理所有径向 C 轴铣削 +C 轴钻孔、攻螺纹刀路。

4）轴向 XY 插补后处理（XYZC_ZY_SP1）：处理所有轴向 XY 铣削 +XY 钻孔、攻螺纹刀路。

5）径向 XY 插补后处理（XYZC_XY_SP1）：处理所有径向 XY 铣削 +XY 钻孔、攻螺纹刀路。

11.2　建立新的 XYZC 四轴联动车铣复合后处理

建立新的 XYZC 四轴联动车铣复合后处理具体步骤如下：

1）创建一个文件夹"XYZC_POST"。将之前 XZC 三轴联动车铣复合后处理中的"XZC_LATE_SP1"复制到"XYZC_POST"文件夹中。

2）打开 XZC 三轴联动车铣复合后处理中的"XZC_MX_SP1"，将该后处理另存到文件夹"XYZC_POST"中，并命名为"XYZC_XC_SP1"。

3）打开 XZC 三轴联动车铣复合后处理中的"XZC_MZ_SP1"，将该后处理另存到文件夹"XYZC_POST"中，并命名为"XYZC_ZC_SP1"。

4）创建"XYZC_XY_SP1"后处理。具体操作步骤如图 11-1、图 11-2 所示。

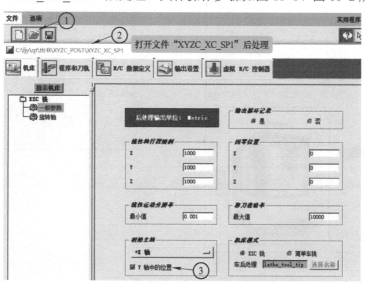

图 11-1　创建"XYZC_XY_SP1"后处理 1

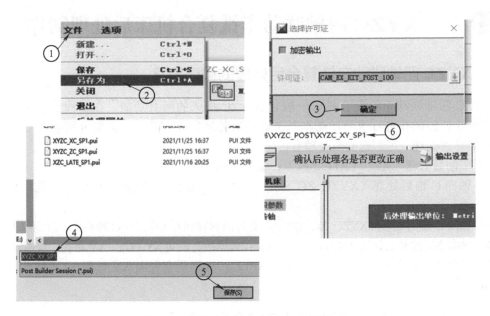

图 11-2　创建"XYZC_XY_SP1"后处理 2

5）创建 XYZC_ZY_SP1"后处理。具体操作步骤如图 11-3 ～图 11-7 所示。

6）将文件保存到"XYZC_POST"文件夹，名称为"XYZC_ZY_SP1"。

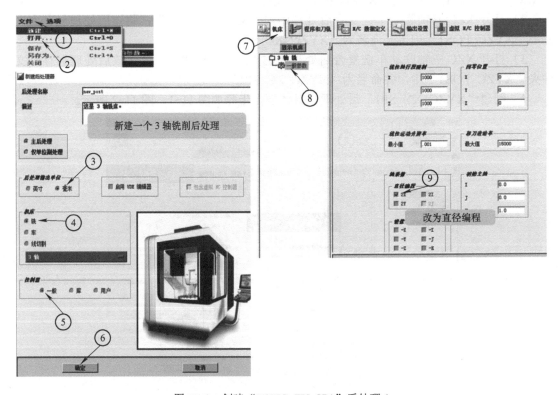

图 11-3　创建"XYZC_ZY_SP1"后处理 1

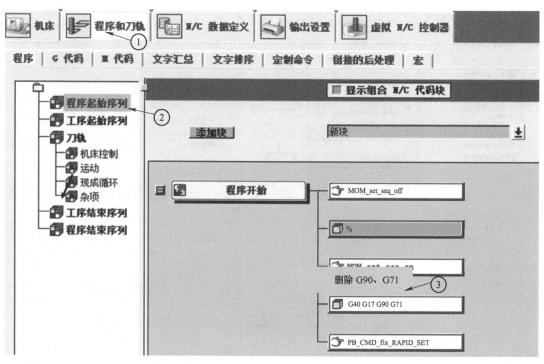

图 11-4　创建 "XYZC_ZY_SP1" 后处理 2

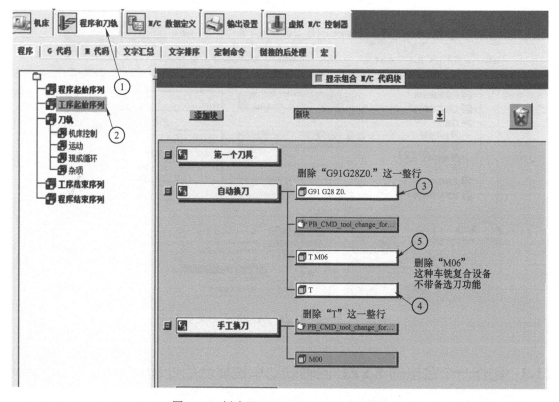

图 11-5　创建 "XYZC_ZY_SP1" 后处理 3

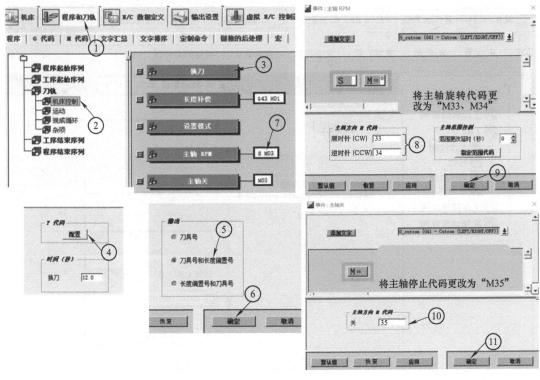

图 11-6　创建"XYZC_ZY_SP1"后处理 4

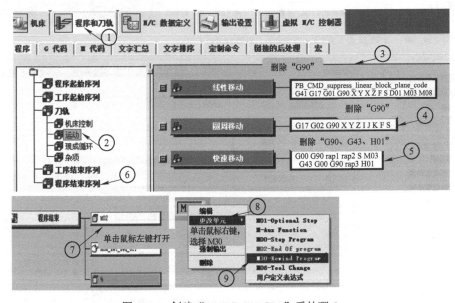

图 11-7　创建"XYZC_ZY_SP1"后处理 5

11.3　制作一个合格的 XYZC 四轴联动车铣复合后处理

前面我们已经把 XYZC 四轴联动车铣复合后处理创建完毕。下面将对安全性和车铣复合设备的特殊性进行后处理常规修改。

1）由于 XYZC 四轴联动车铣复合机床具有 Y 轴，在加工前，Y 轴的位置决定进刀是否会碰撞或干涉。比如车削时，Y 轴必须要在零点位置。所以，建议在每次换刀前和程序最开始和程序结束位置设定 Y 轴回零。具体操作步骤如图 11-8 所示。

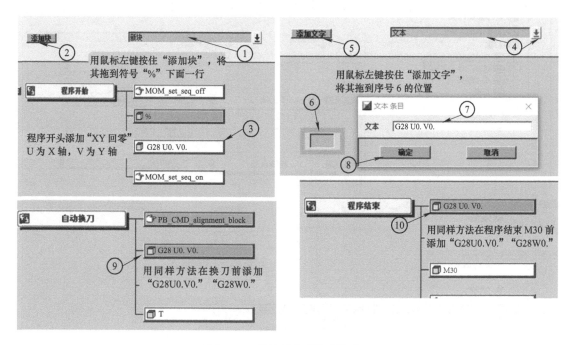

图 11-8　车铣复合后处理修改 1

2）对于换刀过程的干涉问题，可以在编程时设置安全点，也可以在后处理里设置固定的安全点。比如在 X 轴原点位置换刀一般都是安全的位置。如果考虑长度方向的话，建议 Z 轴也回零。具体操作步骤如图 11-9 所示。

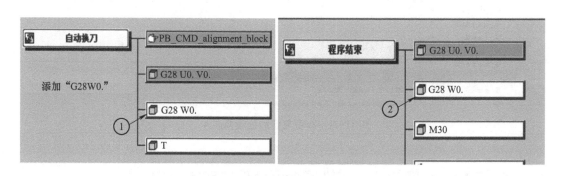

图 11-9　车铣复合后处理修改 2

3）对于换刀后的起始进刀也要考虑一定安全性。建议先移动 C 轴，再进行其他轴移动。这样可避免与异性零件产生干涉。具体操作步骤如图 11-10、图 11-11 所示。

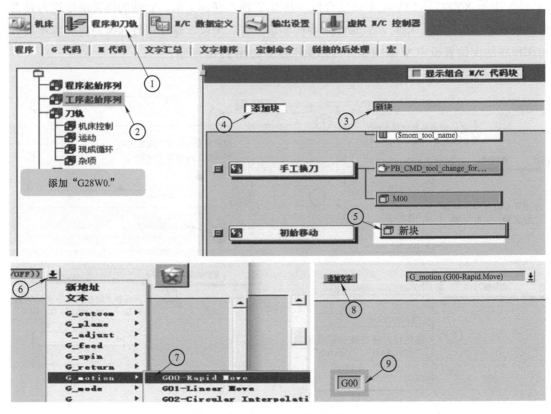

图 11-10　车铣复合后处理修改 3

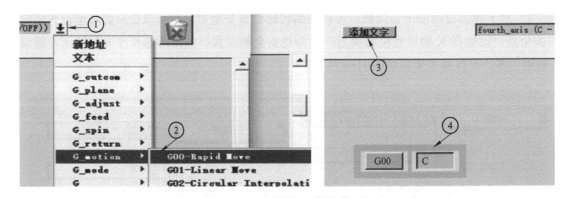

图 11-11　车铣复合后处理修改 4

11.4　制作 XYZC 四轴联动车铣复合后处理的定制语句

在定轴加工过程中为了防止切削力影响 C 轴的位置，一般会在加工前设定 C 轴夹紧代码。前面的章节我们讲了两个常用的定制语句，在这里讲解 C 轴夹紧、松开定制语句。具体操作步骤如图 11-12 所示。

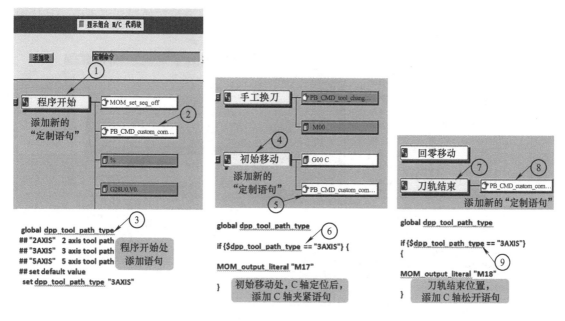

图 11-12　制作 C 轴夹紧、松开定制语句

测试后处理会看到 C 轴夹紧、松开代码。这种语句写法很多，读者也可以自己尝试换种方法来写语句。

11.5　检查创建好的 XYZC 四轴联动车铣复合后处理

1）检查 XYZC 四轴联动车铣复合编程中的"车削刀路"处理是否正确。打开图档文件10-1.prt（用手机扫描前言二维码下载），具体操作步骤如图 11-13 所示。

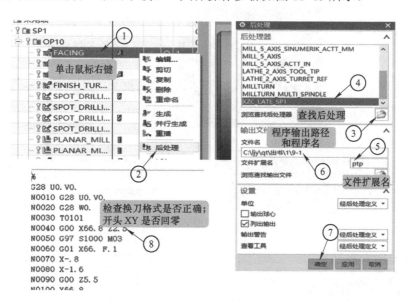

图 11-13　检查 XYZC 四轴联动车铣复合后处理"车削刀路"处理是否正确

2）检查 XYZC 四轴联动车铣复合编程中的"径向铣削刀路"处理是否正确。具体操作过程如图 11-14 所示。

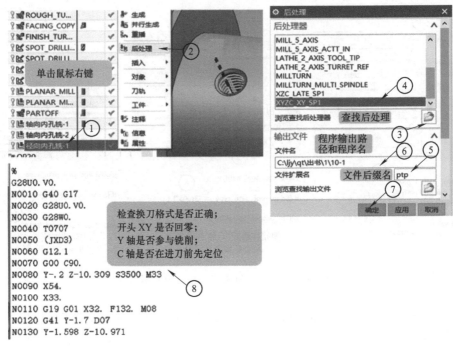

图 11-14 检查 XYZC 四轴联动车铣复合后处理"径向铣削刀路"处理是否正确

3）检查 XYZC 四轴联动车铣复合编程中的"轴向铣削刀路"处理是否正确。具体操作过程如图 11-15 所示。

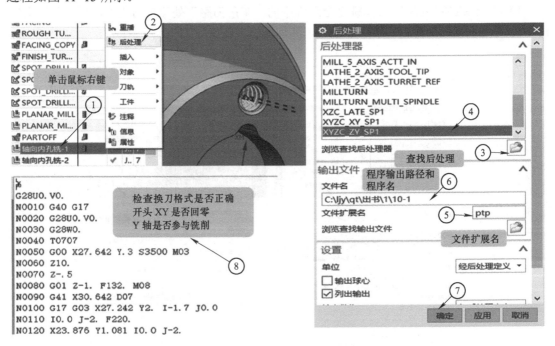

图 11-15 检查 XYZC 四轴联动车铣复合后处理"轴向铣削刀路"处理是否正确

11.6　后处理中的 G12.1 和 G13.1 代码

在以上制作的后处理中，会经常看到 G12.1 和 G13.1 指令代码。这两个代码分别是极坐标开启和极坐标取消。执行这个代码时，程序格式数据必须经过换算。换算后的数据与目前后处理出的数据不一样。目前做的后处理是不能处理极坐标的（极坐标后处理需要单独设置和增加定制语句），所以，需要将程序里的 G12.1 和 G13.1 删除。具体操作过程如图 11-16 所示。

图 11-16　删除 G12.1 和 G13.1

第❶❷章　XYZAC 双主轴车铣复合加工零件编程实例 >>>

12.1　XYZAC 双主轴车铣复合加工零件加工工艺分析

本章案例需采用 SP2 对象主轴端进行零件加工。可在原有的工艺基础上进行一定的更改。如图 12-1 所示。

对象主轴夹持外径

工艺分析：毛坯尺寸：ϕ60mm×1200mm

OP10：夹持毛坯，粗精车所有外径、端面。C 轴钻孔、Y 轴插补精铣内孔、粗精铣型腔，对象主轴伸出，双主轴同步旋转，夹持零件外径，切断刀切断零件，对象主轴退回，加工左端面。

风险点：
接料器与零件会发生碰撞，易将零件碰伤。
双主轴同步旋转对接时，要考虑对象主轴与切断时的干涉。

预防措施：
接料器做碰伤防护。
对象主轴成型卡爪设计避让结构。

图 12-1　XYZAC 双主轴车铣复合加工编程之工艺设定

12.2　XYZAC 双主轴车铣复合加工零件的刀具选择

在本章 XYZAC 双主轴车铣复合加工案例中，主要增加了 SP2 对象主轴端的加工。在实际使用时为了节省刀具数量，提高刀塔的使用功能，经常用"外径双侧刀座"或"内径双孔刀座"来安装刀具，如图 12-2 所示。

外径双侧刀座

左侧　　右侧

内径双孔刀座

可以装正、反两把内孔刀具
（注意刀座与机床的干涉）

图 12-2　XYZAC 双主轴车铣复合编程之刀座类型

12.3　XYZAC 双主轴车铣复合加工零件的工装夹具选择

本章案例的 SP2 对象主轴采用三爪液压卡盘夹持零件，由于考虑 SP2 对象主轴同步对接时的干涉，需在成型卡爪上增加避让结构，如图 12-3 所示。

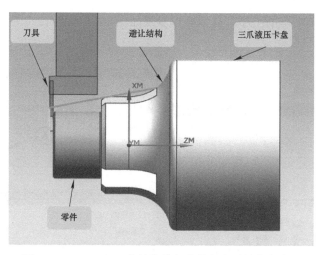

图 12-3　XYZAC 双主轴车铣复合编程之零件装夹夹具

12.4　XYZAC 双主轴车铣复合加工零件的切削参数选择

在本章案例中，只增加了 SP2 对象主轴端的端面加工，所以粗、精切削参数沿用之前 SP1 的参数。

12.5　XYZAC 双主轴车铣复合加工零件 UG 编程设置

1）设定 SP2 编程坐标系、方位和毛坯。坐标系位置、毛坯设置的具体操作步骤如图 12-4 所示。

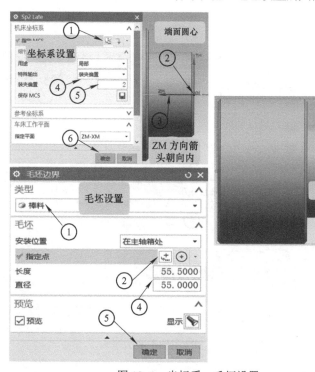

图 12-4　坐标系、毛坯设置

2）创建 SP2 主轴端车削工序。具体操作步骤如图 12-5 ～图 12-7 所示。

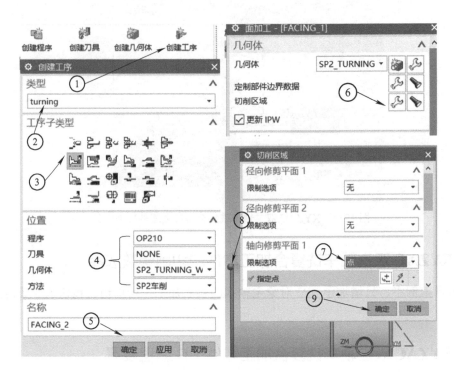

图 12-5　创建 SP2 主轴车削工序 1

图 12-6　创建 SP2 主轴车削工序 2

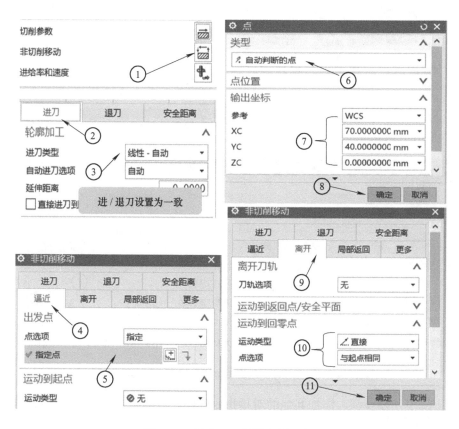

图 12-7　创建 SP2 主轴车削工序 3

3）将主轴转速设置为 S1300，进给率设置为 F0.05。

4）双主轴同步旋转代码的添加方法。在 UG 的常规车铣复合编程加工模块中没有双主轴同步旋转、对接功能。这就需要自己做开发，比如专门的外挂或后处理开发。但是，这对普通使用者来说很难实现。下面介绍一种简单的方法来实现双主轴对接功能。SP2 对象主轴对接程序如图 12-8 所示。具体设置操作如图 12-9 所示。

G98（每分钟进给）

G28U0.V0（XY 回零）

G28W0.（Z 回零）

G28 A0.（对象主轴进给轴回零）

M20（SP2 主轴卡盘松开）

G0A-500.（SP2 主轴前进至安全点）

G1A-515.F20.（进给到夹紧位置）

M21（卡盘夹紧）

M10（SP1 主轴卡盘松开）

G28A0.（SP2 主轴退回零点位置）

图 12-8　SP2 对象主轴对接程序

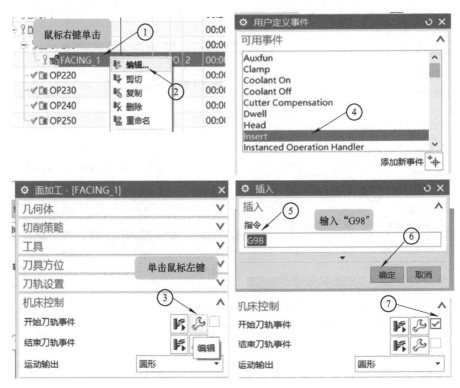

图 12-9　XYZAC 双主轴车铣复合编程之对接参数设置

重复图 12-9 所示步骤，添加其他的对接指令代码。添加完成后，重新生成刀轨，并生成程序进行检查。如图 12-10 所示。

同步旋转对接也可以采用以上的方法进行操作。此处不赘述。

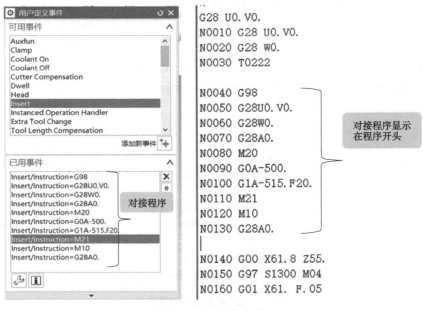

图 12-10　程序生成

12.6　XYZAC 双主轴车铣复合加工零件编程完毕后的检查

1）检查车削刀路的进 / 退刀是否与零件产生干涉。

2）检查铣削刀路的进 / 退刀是否与零件产生干涉。

3）检查各工序的加工方法是否设定正确。

4）检查 SP2 主轴车削刀具的刀具号、刀补号设置是否正确（这点非常重要）。

5）检查径向定轴加工的矢量方向设置是否正确。